高等职业教育机电类专业"十三五"规划教材

电气控制与 PLC 项目教程

王进满　编著

中国铁道出版社有限公司

CHINA RAILWAY PUBLISHING HOUSE CO., LTD.

内 容 简 介

本书根据职业岗位技能需求,采用项目导向、任务驱动的模式,每个任务按任务描述、知识准备、任务实现的结构编写。全书共包含七个项目:前三个项目为电气控制部分,主要涉及常用低压电器元件选用、常用典型电气控制电路安装与维护、典型机床电气控制电路运行维护;后四个项目为 PLC 控制部分,以三菱 FX2N 及 FX3U 为背景,通过多种液体自动混合装置的 PLC 控制、交通灯控制、大小球分拣传送装置控制、呼叫送料小车控制等 PLC 程序设计与调试,介绍 PLC 基本指令、状态转移图、功能指令的编程及运用。本书深入浅出,图文并茂,主要培养学生的电气控制电路分析能力、机床电气故障排查能力、PLC 编程及调试能力。

本书结构清晰、易教易学、任务可操作性强,适合作为高等职业院校电气自动化专业、机电一体化类专业电气控制与 PLC 课程的教材,也可作为相关工程技术初学人员的学习参考书。

图书在版编目(CIP)数据

电气控制与 PLC 项目教程/王进满编著. —北京:
中国铁道出版社,2018.9(2021.1 重印)
高等职业教育机电类专业"十三五"规划教材
ISBN 978 - 7 - 113 - 24570 - 2

Ⅰ. ①电… Ⅱ. ①王… Ⅲ. ①电气控制—高等职业
教育—教材②PLC 技术—高等职业教育—教材 Ⅳ. ①TM571.2
②TM571.61

中国版本图书馆 CIP 数据核字(2018)第 176193 号

书　　名:电气控制与 PLC 项目教程
作　　者:王进满

策　　划:何红艳　　　　　　　　　　编辑部电话:(010)83552550
责任编辑:何红艳　绳　超
封面设计:付　巍
封面制作:刘　颖
责任校对:张玉华
责任印制:樊启鹏

出版发行:中国铁道出版社有限公司(100054,北京市西城区右安门西街 8 号)
网　　址:http://www.tdpress.com/51eds/
印　　刷:三河市兴达印务有限公司
版　　次:2018 年 9 月第 1 版　　2021 年 1 月第 2 次印刷
开　　本:787 mm×1 092 mm　1/16　印张:15.5　字数:407 千
书　　号:ISBN 978 - 7 - 113 - 24570 - 2
定　　价:46.00 元

　　"电气控制与 PLC 应用"课程是将"工厂电气控制技术"及"PLC 原理与应用"合并在一起的一门课程，是高职高专电气自动化、机电一体化类等专业的核心课程，原理及技能性要求都非常强。本书根据高职高专教育是培养面向生产一线技术技能型人才的培养目标，从学生毕业所从事职业的实际需要出发，确定学生应具备的知识能力结构，将理论知识和应用技能整合在一起，形成以项目为导向，任务驱动的编写思路。本书以实际的电气控制电路分析安装、机床电气控制电路运行维护及 PLC 设计调试为主线设计学习情境，包括常用低压电器元件选用、常用典型电气控制电路安装与维护、典型机床电气控制电路运行维护、PLC 基本指令应用、状态转移图并行分支应用、状态转移图选择性分支应用、PLC 功能指令应用等七个项目，每个项目下有若干任务，通过各任务的具体实现过程，使学生具有低压电器元件的选型使用、电气控制电路的分析安装、机床电气控制电路故障诊断、PLC 控制系统的初步设计与调试能力，通过运用所学知识解决实际工程问题的基本训练，为今后从事电气控制系统的设计、安装、调试及维修打下基础。在每个项目后，附有相关的习题，通过练习，学生可对所学知识进一步理解、巩固和提高。

　　本书主要特点如下：

　　（1）在编写思想上，以技术应用为主线，融"教、学、做"为一体，关注学生的就业岗位，注重培养学生的职业能力，注重对技术的应用和实践能力的培养，将课程的理论教学、实践教学、解决生产实际问题融为一体。

　　（2）在内容阐述上，力求简明扼要、层次清晰，采取图文并茂的形式，能用图形说明问题的尽可能用图形来说明，力求通俗易懂，便于理解。

　　（3）在结构编排上，遵循循序渐进、由浅入深的原则，强调实用性和可操作性。每个项目都设有学习目标，每个项目后面都有习题。

　　（4）在应用方面，贴近岗位，理论内容较少，充分体现以练为主，适合职业教育。在电气控制部分，尽可能详细地给出电气控制电路的分析步骤、电气控制电路可能的故障现象及可能的故障原因，培养学生现场解决实际技术问题的能力；在 PLC 控制部分，给出了详尽的调试步骤，通过调试过程，掌握 PLC 程序的分析、设计及应用，避免只按下按钮，看结果，达不到真正的教学效果，使学生从一步一步的调试中掌握程序分析、设计及调试方法。

　　此外，PLC 调试可以利用旧有的实训箱上的开关、按钮、指示灯等，也可自制简易调试板（如书后附录）。一般实训箱上的实训项目有限，供学生学习调试的项目不多，而利用自制简易调试板进行 PLC 程序调试不受其限制，有利于学生的研究性学习，并获得成功感，可以充分调动和激发学生的学习兴趣，实现"教、学、做"的紧密结合，培养学生自我学习、主动学习的能力，以适应终身学习和可持续发展能力的培养要求。

　　读者可扫描书中的二维码观看微课内容，并可登录中国铁道出版社网站下载书中 PLC 源程序。

　　由于编写时间仓促，加之编者水平有限，书中存在疏漏及不足之处在所难免，恳请读者提出宝贵意见，并将意见反馈至邮箱 wangjm0426@163.com，为谢！

编　者
2018 年 6 月

CONTENTS | # 目 录

项目一　常用低压电器元件选用

学习目标

1. 掌握交流电动机的基本结构、工作原理及接线方式；了解电动机有哪些常见故障。

2. 掌握常用低压电器的结构、工作原理、规格、型号、在控制电路中的作用及其常见故障处理方法。

任务一　三相异步电动机拆装

任务描述

　　交流异步电动机利用电磁线圈把电能转换成电磁能，再依靠电磁力做功，从而把电磁能转换成转子的机械运动。交流电动机结构简单，可产生较大功率，在有交流电源的地方都可以使用。三相交流异步电动机在工业设备中有着广泛的应用，如机床、纺织机械、起重机、矿山机械等。电动机在使用中需要启动、制动、调速等控制，或因故障检查和日常维护等需要进行拆卸与装配。只有掌握三相异步电动机的工作原理、基本结构，以及正确的拆卸与装配技术，才能保证正确控制电动机及电动机的维修维护质量。通过本任务的学习，可掌握三相异步电动机的基本结构和工作原理，了解三相异步电动机的拆装步骤，了解如何对其进行日常维修维护。

知识准备

　　1. 三相异步电动机的结构

　　三相异步电动机实物如图 1 - 1 所示。三相异步电动机由两个基本部分组成：定子和转子。因转子结构不同，又可分为三相笼形异步电动机和三相绕线转子异步电动机。本书只涉及三相笼形异步电动机，其结构图如图 1 - 2 所示。

电动机结构
及工作原理

图 1 - 1　三相异步电动机实物

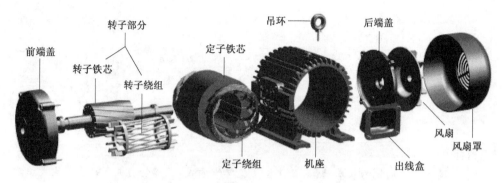

图 1 - 2　三相笼形异步电动机的结构图

1)定子

定子在空间中静止不动,主要由定子铁芯、定子绕组、机座等部分组成,如图 1 - 3 所示。机座上有铭牌和接线盒。

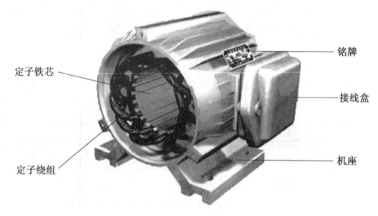

图 1 - 3　三相异步电动机定子结构图

(1)定子铁芯

定子铁芯是电动机的磁路部分,由厚度为 0.5 mm、彼此绝缘的硅钢片叠成,目的是减小铁损(涡流和磁滞损耗)。定子铁芯呈圆筒状装入机座内。硅钢片内圆冲有均匀分布的槽口。硅钢片叠成的定子铁芯在圆周内表面沿轴向有均匀分布的直槽,用以嵌放定子绕组,如图 1 - 4 所示。

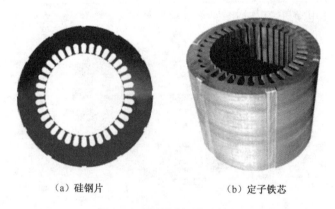

(a)硅钢片　　　　　　　　(b)定子铁芯

图 1 - 4　定子硅钢片及铁芯

（2）定子绕组

定子绕组（见图1-5）由三相绕组组成，按照一定的规律分散嵌放在定子铁芯槽内，每相在空间上相差120°电角度、对称排列。每相绕组可以由多个线圈串联组成，构成不同的磁极对，对应产生不同的旋转磁场速度。

图1-5　定子绕组

（3）机座

机座通常由铸铁或铸钢制成，是整个电动机的支撑部分，用于容纳定子铁芯和绕组并固定端盖，起保护和散热作用。为了加强散热能力，其外表面有散热筋，如图1-6所示。

图1-6　机座

（4）接线盒

三相定子绕组有六个接线端，固定在电动机外壳的接线盒内的六个接线柱上，分别标注字母U1、U2、V1、V2、W1、W2。通过六个接线柱，电动机三相绕组可以构成星形联结或三角形联结，再与三相交流电源相接，如图1-7所示。

2）转子

转子是电动机的旋转部分，由转子铁芯、转子绕组和转轴组成，如图1-8所示。

（1）转子铁芯

转子铁芯是电动机主磁通磁路的一部分。转子铁芯固定在转轴上，可绕轴向转动。与定子铁芯一样，转子铁芯也是由0.5 mm厚的硅钢片冲压而成的。转子外表面分布有冲槽，槽内可安放转子绕组，如图1-9所示。

（2）转子绕组

转子绕组是自成闭路的短路线圈，称为笼形绕组，如图1-10所示。笼形绕组铸于铁芯槽内，有铜质或铝质，两端铸有端环。整个转子套在转轴上形成紧配合，被支撑在端盖中央的轴承中。转子绕组不需要外接电源供电,其电流是由电磁感应作用产生的。如果去掉转子铁芯,整个绕组的外形就像一个笼子,故由此而得名。

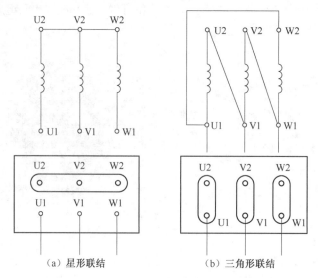

（a）星形联结　　　　　　　（b）三角形联结

图1-7　三相异步电动机定子绕组接线端联结方法

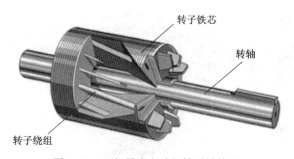

图1-8　三相异步电动机转子结构图

图1-9　三相异步电动机转子铁芯

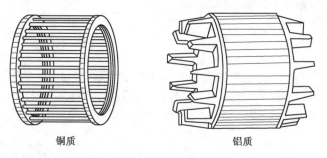

铜质　　　　　　　铝质

图1-10　三相异步电动机转子绕组示意图

（3）转轴

转轴和转子铁芯固定在一起,用于输出机械转矩,如图1-11所示。

3）其他附件

其他附件包括前后端盖、轴承、轴承盖、风扇、风扇罩等,如图1-12所示。端盖除了起防护作用外,在端盖上还装有轴承,用以支撑转子轴;轴承连接电动机转动部分与不动部分;轴承盖用于保护轴承;风扇则用来通风冷却电动机。三相异步电动机的定子与转子之间的空气隙,一般仅为 0.2~1.5 mm。

图 1-11　三相异步电动机转轴

端盖　　　　　　风扇　　　　　　风扇罩

后轴承内盖

前轴承内盖

转子

后轴承

前轴承

图 1-12　三相异步电动机其他附件示意图

2. 三相交流异步电动机的工作原理

1) 旋转磁场的产生

在空间位置上对称的定子绕组中通入时间相位上对称的三相交流电,当三相绕组中流过三相交流电时,各相绕组按右手螺旋定则产生磁场,每一相绕组产生一对 N 极和 S 极,三相绕组的磁场合成起来,形成一对合成磁场的 N 极和 S 极。随着电流周期性变化,这个合成磁场会变成一个旋转磁场,在三相绕组中通入的交流电流变化一个周期时,产生的合成磁场沿圆周铁芯内表面的空间旋转一周。旋转磁场的速度与电流频率和电动机极数有关,如图 1-13 所示。

2) 异步电动机工作原理

该旋转磁场与转子导体有相对切割运动,根据电磁感应原理,转子导体产生感应电动势并产生感应电流。根据电磁力定律,载流的转子导体在磁场中受到电磁力作用,形成电磁转矩,驱动转子旋转,当电动机轴上带机械负载时,便向外输出机械能,如图 1 – 14 所示。如果转子转速一旦等于旋转磁场的转速,则二者之间就没有相对运动了,当然也就不可能产生电磁力和电磁转矩。因而转子的转速必然要小于旋转磁场的转速,即二者的转速之间有差异,所以这种类型的电动机称为"异步"电动机。又因为其转子导体的电流是由于电磁感应作用产生的,所以又称"感应"电动机。

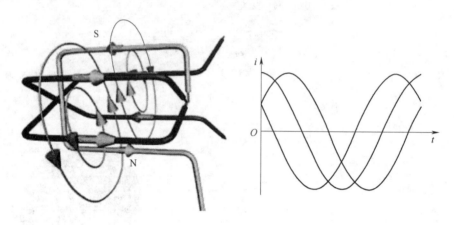

图 1 – 13　旋转磁场产生的示意图

3)同步转速

同步转速即旋转磁场的转速,单位为 r/min。旋转磁场的速度与电流频率和电动机极数有关,对两极电动机,三相电流中电流变化一个周期,其两极旋转磁场在空间旋转一周。同样的分析方法可知,四极 ($p = 2$) 电动机当交流电流变化一个周期时,其四极合成磁场($p = 2$)将在空间转过半个圆周。与两极($p = 1$)旋转磁场比较,转速减慢了一半。依此类推,有 p 对磁极的异步电动机,其旋转磁场的转速 n_1 为

$$n_1 = \frac{60 f_1}{p}$$

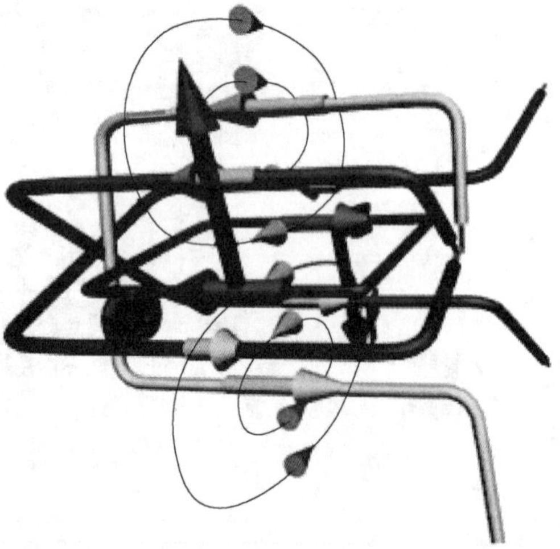

可见,旋转磁场的转速 n_1 与电源频率

图 1 – 14　异步电动机转动原理示意图

f_1 成正比,与磁极对数 p 成反比。我国的工频 f_1 为 50 Hz,若 $p = 1$,则 $n_1 = 3\,000$ r/min;若 $p = 2$,则 $n_1 = 1\,500$ r/min,依此类推。

旋转磁场的旋转方向是由通入三相绕组的三相电流的相序决定的,改变交流电动机供电电源的相序,就可改变电动机的转向。因为异步电动机电动状态下转子的转向是与旋转磁场的转向相一致的,所以任意对调两根电源线就可实现对异步电动机的反转控制。

4)转差率及异步电动机转速

旋转磁场的同步转速 n_1 和异步电动机转子转速 n 之差与旋转磁场的同步转速之比称为转差率,用 s 表示。

$$s = \frac{n_1 - n}{n_1} = \frac{\Delta n}{n_1}$$

转差率是分析和表示异步电动机性能的一个重要物理量。异步电动机的转差率 s 在 1 到 0 之间。在额定运行状态时,转差率 s_N 在 0.015 ~ 0.06 之间。由于 s_N 很小,也就意味着额定运行状态下,电动机的额定转速接近而小于同步转速,所以一旦知道电动机的额定转速 n_N,就能很快判断出电动机的同步转速、磁极对数以及转差率。例如,额定转速为 975 r/min 的电动机,其同步转速为 1 000 r/min;额定转速为 1 480 r/min 的电动机,其同步转速为 1 500 r/min。

由以上可以得到异步电动机转速常用公式:

$$n = \frac{60f_1}{p}(1 - s) = n_1(1 - s)$$

由上式可见,要改变电动机的转速:改变磁极对数 p;改变转差率 s;改变频率 f。

三相异步电动机在运行过程中需注意:若其中一相电源断开,则变成单相运行,此时,电动机仍会按原来方向运转。但若负载不变,三相供电变为单相供电,电流将变大,导致电动机过热,使用中要特别注意这种现象。三相异步电动机若在启动前有一相断相,将不能启动,此时,只能听到嗡嗡声,长时间启动不了,也会过热,必须尽快排除故障;外壳的接地线必须可靠地接大地,防止漏电引起人身伤害。

3. 三相异步电动机的铭牌

每台异步电动机的机座上都钉有一块铭牌,上面标出了该电动机的主要技术数据。只有了解铭牌上数据的意义,才能正确选择、使用和维修电动机。

1) 型号

三相异步电动机的型号表明了电动机的类型、用途和技术特征。如 Y 系列的三相异步电动机 Y180M2 - 4,其型号组成中各符号表示的意义如图 1 - 15 所示。

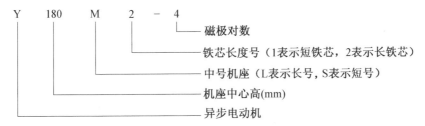

图 1 - 15　三相异步电动机的型号意义

2) 额定功率 P_N

额定功率表示电动机在额定工作状态下运行时,转轴上输出的机械功率,单位是瓦(W)或千瓦(kW)。

3) 额定电压 U_N

额定电压指电动机定子绕组规定使用的线电压,单位是伏(V)或千伏(kV)。如果铭牌上有两个电压值,则表示定子绕组在两种不同接法时的线电压。按国家标准规定,电动机的电压等级分为 220 V、380 V、3 000 V、6 000 V 和 10 000 V。其中,3 000 V 以上的电动机很少。

4) 接法

接法指电动机在额定电压下定子三相绕组的联结方法。若铭牌写 △,额定电压写 380 V,表明电动机额定电压为 380 V 时应接成三角形。若电压写成 380 V/220 V,接法为 Y/△,表明电源线电压为 380 V 时应接成星形;电源线电压为 220 V 时应接成三角形。我国多数地区低压电线电压为 380 V。

5）额定电流 I_N

额定电流指电动机在额定情况下运行时电源输入电动机的线电流。单位是安（A）。如果铭牌上标有两个电流值，表示定子绕组在两种不同接法时的线电流。数值大的对应三角形接法，数值小的对应星形接法。

对三相异步电动机，额定功率与其他额定数据之间有如下关系：

$$P_N = \sqrt{3}\, U_N I_N \cos\varphi_N \eta_N$$

式中，U_N 为额定电压；I_N 为额定电流；$\cos\varphi_N$ 为额定功率因数；η_N 为额定效率。

对于额定电压 380 V 的三相异步电动机，其 $\cos\varphi_N \eta_N$ 乘积大致在 0.8 左右，所以根据上式，可估算出额定功率 P_N 和额定电流 I_N 之间的大小关系：$I_N \approx 2P_N$，式中 P_N 的单位是 kW，I_N 的单位是 A。

6）额定频率 f_N

额定频率指输入电动机交流电的频率，单位是赫（Hz）。我国的工业用电频率为 50 Hz。

7）额定转速 n_N

额定转速表示电动机在额定运行情况下的转速，单位是转/分（r/min）。

8）绝缘等级与温升绝缘等级

绝缘等级与温升绝缘等级表示电动机所用绝缘材料的耐热等级。温升表示电动机发热时允许升高的温度。

⏳ 任务实现

1. 电动机的拆装

电动机在使用中因故障检查或日常维护等原因，需要进行拆卸与装配。只有掌握正确的拆卸与装配技术，才能保证电动机的修理质量。

1）电动机拆卸前的准备工作

①准备好拆卸工位与拆卸电动机的专用工具，如拉具、扳手、锤子、螺钉旋具、毛刷、木块等。

②做好相应记录和标记。在线头、端盖、刷握等处做好标记，记录好联轴器或带轮与端盖之间的相应距离位置。

2）电动机的拆卸步骤

①切断电源后，首先拆除电动机的电源线，并用绝缘胶布包好电源线端头。

②卸下传动带，拆卸地脚螺栓，将螺母、垫圈等小零件用小盒装好，以免丢失。

③拆卸带轮或联轴器。

④卸下风扇罩和风扇，如图 1-16 所示。

图 1-16　卸下风扇罩和风扇

⑤旋下前后端盖紧固螺钉,拆卸前轴承外盖,如图 1 - 17 所示。在端盖与机座间做好标记,便于装配时复位。逐个拧松端盖上的紧固螺栓,用螺钉旋具将端盖按对角线一先一后地向外扳撬,把端盖取下。对于较大的电动机因端盖较重,应先把端盖用起重设备吊住,以免拆卸时端盖摔破或碰伤绕组。

图 1 - 17　拆卸前轴承外盖

⑥抽出或吊出转子,如图 1 - 18 所示。端盖拆下后,可抽出转子。此时必须仔细,不能碰伤绕组、风扇、铁芯和轴颈等。对于小型电动机,可单人双手抽出,也可双人配合取出;对于大中型电动机,转子较重,可在轴上另套一加长钢管,由多人配合抬出或用起重机械将转子吊住平移取出。

⑦卸下前端盖,如图 1 - 19 所示。

图 1 - 18　抽出或吊出转子　　　　　　　　图 1 - 19　卸下前端盖

⑧用拉具拆卸前后轴承及轴承内盖,如图 1 - 20 及图 1 - 21 所示。卸下轴承及内盖的转子如图 1 - 22 所示。

图 1 - 20　拆卸前后轴承

图 1 - 21　拆卸轴承内盖

用拉具拆卸,应根据轴承的大小,选好适宜的拉力器。夹住轴承,拉力器的脚爪应紧扣在轴承的内圈上,拉力器的丝杠顶点要对准转子轴的中心,扳转丝杠要慢,用力要均。

图 1 – 22　卸下轴承及内盖的转子

3）电动机的装配与检验

装配电动机时可按拆卸工序的逆步骤进行。装配后的电动机应进行以下检查：

①检查电动机的转子转动是否轻便灵活。若转子转动不灵活，应调整端盖紧固螺栓的松紧程度，使之转动灵活。检查绕线转子异步电动机的刷握位置是否正确，电刷在刷握内有无卡阻，电刷与集电环接触是否良好。

②检查电动机的绝缘电阻值。用绝缘电阻表测电动机定子绕组相与相、各相对机壳之间的绝缘电阻；对于绕线转子异步电动机，还应检查转子绕组及绕组对机壳之间的绝缘。所测的绝缘电阻值应在 0.5 MΩ 以上，说明绝缘电阻达到工作要求，电动机绝缘电阻一般按 1 kV 对应 1 MΩ 计算。

③根据电动机的铭牌与电源电压正确接线，并在电动机外壳上安装好接地线，通电后用钳形电流表分别检测三相电流是否平衡。三相空载电流的偏差值应小于 10%。

2. 电动机电气常见故障的分析和处理

故障现象 1：电动机接通电源启动，电动机不转但有嗡嗡的声音。

故障可能原因：

①由于电源的接通问题，造成单相运转；

②电动机的运载量超载；

③被拖动机械卡住；

④定子内部首端位置接错，或有断线、短路。

排除方法：第一种情况需要检查电源线，主要检查电动机的接线与熔断器，是否有线路损坏现象；第二种情况将电动机卸载后空载或半载启动；第三种情况可能是由于被拖动机械的故障，卸载被拖动机械，从被拖动机械上找故障；第四种情况需要重新判定三相的首尾端，并检查三绕组是否有断线和短路。

故障现象 2：电动机启动后发热超过温升标准或冒烟。

故障可能原因：

①电源电压达不到标准，电动机在额定负载下升温过快；

②电动机运转环境的影响，如湿度高等；

③电动机过载或单相运行；

④电动机启动故障，正反转过多。

排除方法：第一种情况需要调整电动机电网电压；第二种情况需要检查风扇运行情况，加强对环境的检查，保证环境的适宜；第三种情况需要检查电动机启动电流，发现问题及时处理；第四种情况需要减少电动机正反转的次数，及时更换适应正反转的电动机。

故障现象 3：绝缘电阻低。

故障可能原因：

①电动机内部进水、受潮；

②绕组上有杂物、粉尘影响；

③电动机内部绕组老化。

排除方法:第一种情况需要对电动机内部进行烘干处理;第二种情况需要处理电动机内部杂物;第三种情况需要检查并恢复引出线绝缘或更换接线盒绝缘线板;第四种情况需要及时检查绕组老化情况,及时更换绕组。

故障现象4:电动机外壳带电。

故障可能原因:

①电动机引出线的绝缘或接线盒绝缘线板有问题;

②绕组端盖接触电动机机壳;

③电动机接地问题。

排除方法:第一种情况需要恢复电动机引出线的绝缘或更换接线盒绝缘板;第二种情况如卸下端盖后接地现象即消失,可在绕组端部加绝缘后再装端盖;第三种情况可按规定重新接地。

故障现象5:电动机运行时声音不正常。

故障可能原因:

①电动机内部连接错误,造成接地或短路,电流不稳引起噪声;

②电动机内部轴承年久失修,或内部有杂物。

排除方法:第一种情况需要打开电动机进行全面检查;第二种情况可以处理轴承杂物或更换润滑油为轴承室的 $1/2 \sim 1/3$。

故障现象6:电动机振动。

故障可能原因:

①电动机安装的地面不平;

②电动机内部转子不稳定;

③带轮或联轴器不平衡;

④内部转头的弯曲;

⑤电动机风扇问题。

排除方法:第一种情况需要给电动机安装平稳底座,保证平衡性;第二种情况需要校对转子平衡;第三种情况需要进行带轮或联轴器校平衡;第四种情况需要校直转轴,将带轮找正后镶套重车;第五种情况需要对风扇校静。

故障现象7:通电后电动机不能转动,但无异响,也无异味和冒烟。

故障可能原因:

①电源未通(至少两相未通);

②熔丝熔断(至少两相熔断);

③控制设备接线错误。

排除方法:第一种情况需要检查电源回路开关,接线盒处是否有断点,若有,应修复;第二种情况需要检查熔丝型号、熔断原因,更换新熔丝;第三种情况需要改正接线。

故障现象8:通电后电动机不转,然后熔丝烧断。

故障可能原因:

①缺一相电源或定子线圈一相反接;

②定子绕组相间短路;

③定子绕组接地;

④定子绕组接线错误;

⑤熔丝截面过小;

⑥电源线短路或接地。

排除方法:第一种情况需要检查闸刀是否有一相未合好,或电源回路是否有一相断线,消除反接故障;第二种情况需要查出短路点,并予以修复;第三种情况需要消除接地;第四种情况需要查出误接,并予以更正;第五种情况需要更换熔丝;第六种情况需要消除短路或接地点。

任务二　常用低压电器元件维护

任务描述

电器是一种能根据外界信号(机械力、电动力和其他物理量)和要求,手动或自动地接通、断开电路,以实现对电路或非电路对象的切换、控制、保护、检测、变换和调节的元件或设备。低压电器元件通常是指工作在交流电压小于 1 200 V、直流电压小于 1 500 V 的电路中起通、断、保护、控制或调节作用的各种电器元件。常用的低压电器元件主要有刀开关、组合开关、断路器、熔断器、接触器、按钮、继电器、行程开关等,学会识别与使用这些低压电器元件是掌握电气控制技术的基础。通过本任务的学习,掌握常用低压电器元件的识别、选用与维护。

知识准备

电器元件

1. 刀开关

1) 刀开关的结构、符号和型号

刀开关又称闸刀开关,是手动电器中结构最简单的一种,主要由静插座、触刀、操作手柄、绝缘底板等组成,典型结构及外形如图 1-23 所示。在低压电路中,刀开关主要用作电源隔离,也可用来非频繁地接通和分断容量较小的低压配电线路。目前生产的刀开关的额定电压一般为交流 500 V 以下,直流 440 V 以下。小电流刀开关的额定电流一般分 10 A、15 A、20 A、30 A、60 A 等五级;大电流刀开关的额定电流一般分 100 A、200 A、400 A、600 A、1 000 A 及 1 500 A 等六级。

操作手柄
胶木外壳
绝缘底板
熔丝

图 1-23　刀开关典型结构及外形

刀开关的图形、文字符号及型号如图 1-24 所示。

2) 刀开关的选用

①按刀开关的用途和安装位置选择合适的型号和操作方式。

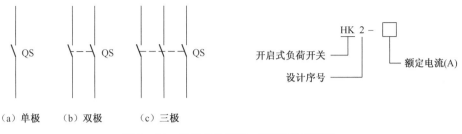

（a）单极　（b）双极　（c）三极

图1-24 刀开关的图形、文字符号及型号

②刀开关的额定电流和额定电压必须符合电路要求。刀开关的额定电流应大于或等于所分断电路中各个负载额定电流的总和。对于电动机负载,应考虑其启动电流,所以,开启式刀开关的额定电流可取电动机额定电流的3倍;封闭式刀开关额定电流可取负载额定电流的1.5倍。

3）刀开关的安装

①刀开关在安装时应做到垂直安装,使闭合操作时的手柄操作方向从下向上合,断开操作时的手柄操作方向从上向下分,不允许采用平装或倒装,以防止误合闸。

②接线时应将电源进线接在刀开关上端,输出负载线接在下端,这样拉闸后刀片与电源隔离,可防止意外事故发生。

③刀开关安装后应检查闸刀和静插座的接触是否成直线和紧密。

2. 组合开关

1）组合开关的结构、符号和型号

组合开关有若干个动触片和静触片,分别装于数层绝缘件内。静触片固定在绝缘垫板上,动触片装在转轴上,随转轴转而变更通、断位置。典型结构及外形如图1-25所示。主要用于接通和切断电路、换接电源、控制小型三相异步电动机的启动、停止、正反转或局部照明。

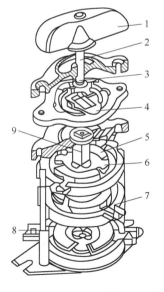
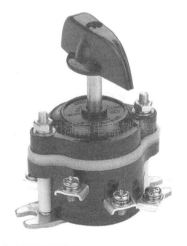

图1-25 组合开关典型结构及外形
1—手柄;2—转轴;3—弹簧;4—凸轮;5—绝缘垫板;6—动触点;
7—静触点;8—接线端子;9—绝缘杆

组合开关的图形、文字符号及型号如图 1 - 26 所示。

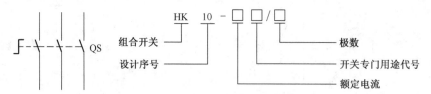

图 1 - 26　组合开关的图形、文字符号及型号

2）组合开关的安装与使用

①组合开关应安装在控制箱（或壳体）内,操作手柄在控制箱的前面或后面。（开关为断开状态时应使操作手柄在水平旋转位置）

②安装在控制箱内操作时,组合开关应装在箱内右上方。

③直接控制三相异步电动机的启动和正反转时,组合开关的额定电流一般取电动机额定电流的 1.5 ~ 2.5 倍。

3. 断路器

低压断路器又称自动空气开关,在电气线路中起接通、分断和承载额定工作电流的作用,并能在线路和电动机发生过载、短路、欠电压的情况下进行可靠保护。它的功能相当于刀开关、过电流继电器、欠电压继电器、热继电器及漏电保护器等电器部分或全部的功能总和,是低压配电网中一种重要的保护电器。低压断路器广泛应用于低压配电系统各级馈出线、各种机械设备的电源控制和用电终端的控制和保护。图 1 - 27 所示为 DZ 系列低压断路器外形。图 1 - 28 所示为低压断路器的图形、文字符号。

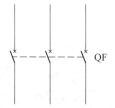

图 1 - 27　DZ 系列低压断路器外形　　　　图 1 - 28　低压断路器的图形、文字符号

低压断路器的结构示意图如图 1 - 29 所示。低压断路器主要由触点、灭弧系统、脱扣器和操作机构等组成。脱扣器又分过电流脱扣器、热脱扣器、欠电压脱扣器和分励脱扣器等四种。

图 1 - 29 所示低压断路器处于闭合状态,三个主触点 1 通过传动杆与锁扣保持闭合,脱扣机构 2 可绕轴转动。正常工作中,各脱扣器均不动作,而当电路发生短路、欠电压或过载故障时,或按下分励按钮,分别通过各自的脱扣器使锁扣被杠杆顶开,实现保护作用。

低压断路器的型号如图 1 - 30 所示。

低压断路器的选择应注意以下几点:

①低压断路器的额定电流和额定电压应大于或等于线路、设备的正常工作电压和工作电流。

②低压断路器的极限通断能力应大于或等于电路最大短路电流。

③欠电压脱扣器的额定电压应等于线路的额定电压。

④过电流脱扣器的额定电流应大于或等于线路的最大负载电流。

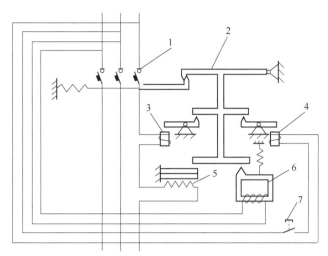

图 1 - 29 低压断路器的结构示意图

1—主触点;2—脱扣机构;3—过电流脱扣器;4—分励脱扣器;

5—热脱扣器;6—欠电压脱扣器;7—按钮

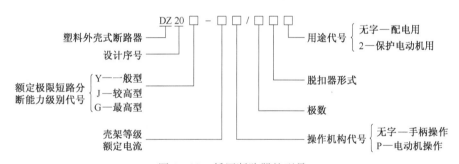

图 1 - 30 低压断路器的型号

使用低压断路器来实现短路保护比熔断器优越,因为当三相电路短路时,很可能只有一相的熔断器熔断,造成断相运行。对于低压断路器来说,只要造成短路都会使开关跳闸,将三相同时切断。另外,还有其他自动保护作用。但其结构复杂、操作频率低、价格较高,因此适用于要求较高的场合,如电源总配电盘。

漏电保护器的用途:主要用于当发生人身触电或漏电时,能迅速切断电源,保障人身安全,防止触电事故。工作原理示意图如图 1 - 31 所示。

工作原理:当正常工作时,不论三相负载是否平衡,通过零序电流互感器主电路的三相电流相量之和等于零,故其二次绕组中无感应电动势产生,漏电保护器工作于闭合状态。如果发生漏电或触电事故,三相电流之和便不再等于零,而等于某一电流值 I_s。I_s 会通过人体、大地、变压器中性点形成回路,这样零序电流互感器二次侧产生与 I_s 对应的感应电动势,加到脱扣器上,当 I_s 达到一定值时,脱扣器动作,推动主开关的锁扣,分断主电路。

4. 熔断器

1)熔断器的结构、符号和型号

熔断器是一种当电流超过额定值一定时间后,以它本身产生的热量使熔体熔化而分断电路的电器。广泛应用于低压配电系统和控制系统及用电设备中作短路和过电流保护。熔断器主要由熔体和安装熔体的熔管(或熔座)两部分组成。熔体是熔断器的主要组成部分，它既是感测元件又是执行元件。熔体由易熔金属材料铅、锡、锌、银、铜及其合金制成，通常做成丝状、片状、带状或笼状，它串联于被保护电路中。熔管一般由硬质纤维或瓷质绝缘材料制成半封闭式或封闭式外壳，熔体装于其内。熔管的作用是便于安装熔体和有利于熔体熔断时熄灭电弧。熔断器的外形如图 1-32 所示。熔断器的图形符号、文字符号及型号如图 1-33所示。

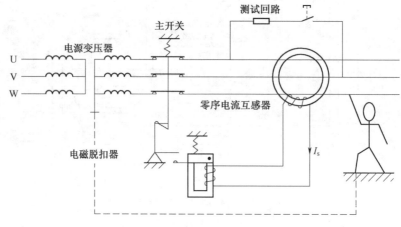

图 1-31　漏电保护器工作原理示意图

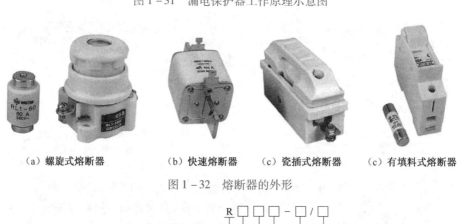

（a）螺旋式熔断器　　（b）快速熔断器　　（c）瓷插式熔断器　　（c）有填料式熔断器

图 1-32　熔断器的外形

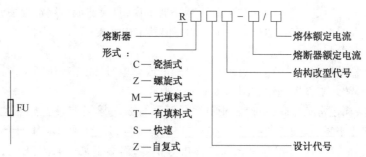

图 1-33　熔断器的图形符号、文字符号及型号

2)熔断器的主要技术参数

①额定电压:指熔断器长期工作时和熔断后所能承受的电压。

②额定电流:熔断器长期工作,各部件温升不超过允许温升的最大工作电流。

③极限分断能力:熔断器在规定的额定电压和功率因数(或时间常数)条件下,能可靠分断的最大短路电流。

3）熔断器额定电流的选择

①保护无启动过程的平稳负载，如照明线路、电阻、电炉等时，熔体额定电流略大于或等于负荷电路中的额定电流。

②保护单台长期工作的电动机熔体电流时，可按最大启动电流选取，也可按下式选取：

$$I_{RN} \geq (1.5 \sim 2.5)I_N$$

式中：I_{RN}——熔体额定电流；

I_N——电动机额定电流。

如果电动机频繁启动，式中系数 1.5～2.5 可适当加大至 3～3.5，具体应根据实际情况而定。

③保护多台长期工作的电动机（供电干线）时：

$$I_{RN} \geq (1.5 \sim 2.5)I_{N\,max} + \sum I_N$$

式中：I_{Nmax}——容量最大单台电动机的额定电流；

$\sum I_N$——其余电动机额定电流之和。

5. 接触器

1）交流接触器的结构和工作原理

接触器属于控制电器，是依靠电磁吸力与复位弹簧反作用力配合动作，而使触点闭合或断开的，主要控制对象是电动机。接触器具有控制容量大、过载能力强、寿命长、设备简单经济等特点，并可实现远距离控制，是控制电器中使用最为广泛的电器元件。

图 1-34 所示为 CJ20-20 型交流接触器的外形及结构示意图。交流接触器由以下三部分组成：

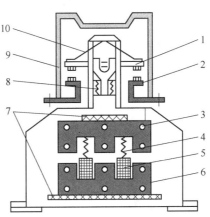

图 1-34 CJ20-20 型交流接触器的外形及结构示意图

1—动触点；2—静触点；3—衔铁；4—弹簧；5—线圈；6—铁芯；
7—垫毡；8—触点弹簧；9—灭弧罩；10—触点压力弹簧

（1）电磁机构

电磁机构由吸引线圈、动铁芯（衔铁）和静铁芯组成，其作用是将电磁能转换成机械能，产生电磁吸力带动触点动作。

（2）触点系统

触点系统包括主触点和辅助触点。主触点用于通断主电路，通常有三对常开触点，根据主触点的容量大小，有桥式触点和指形触点两种结构形式；辅助触点用于控制电路，一般各有两对常开和两对常闭触点。辅助触点容量小，不设灭弧装置，所以它不用来分合主电路。

（3）灭弧装置

容量在 10 A 以上的接触器都有灭弧装置。对于小容量的接触器,常采用双断口触点灭弧、电动力灭弧及陶土灭弧罩灭弧。对于大容量的接触器（20 A 以上）,采用纵缝灭弧罩及灭弧栅片灭弧。

2）交流接触器的符号及型号

交流接触器的图形符号、文字符号及型号如图 1-35 所示。例如,CJX-16 表示主触点为额定电流 16 A（可控制电动机最大功率 7.5 kW/380 V）的交流接触器。

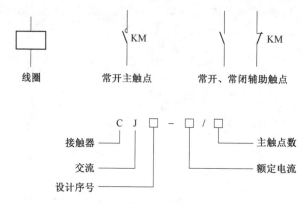

图 1-35　交流接触器的图形符号、文字符号及型号

3）交流接触器的短路铜环

交流接触器在运行过程中,线圈中通入的交流电在铁芯中产生交变磁通,因而铁芯与衔铁间的吸力是变化的。这会使衔铁产生振动,发出噪声,更主要的是会影响到触点的闭合。为消除这一现象,在交流接触器的铁芯两端各开一个槽,槽内嵌装短路铜环,如图 1-36 所示。加装短路铜环后,当线圈通以交流电时,线圈电流产生磁通 Φ,Φ 的一部分未穿过短路环为 Φ_1,Φ 的一部分穿过短路环,环中感应出电流,感应出的电流又会产生一个磁通 Φ_2,两个磁通的相位不同,即 Φ_1、Φ_2 不同时为零,这样就保证了铁芯与衔铁在任何时刻都有吸力,衔铁将始终被吸住,这样就解决了衔铁振动的问题。

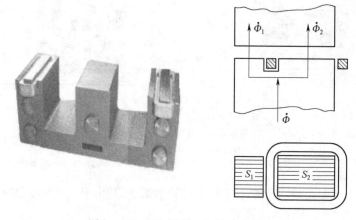

图 1-36　短路铜环工作原理示意图

4）交流接触器的选用

①交流接触器主触点的额定电压应大于或等于负载回路的额定电压。

②交流接触器主触点的额定电流应等于或稍大于实际负载额定电流。在实际使用中还

要考虑环境因素的影响,如柜内安装或高温条件时应适当增大交流接触器的额定电流。

③交流接触器吸引线圈的电压,一般从人身和设备安全角度考虑,该电压值可以选择低一些,但当控制电路比较简单,用电不多时,为了节省变压器,则选用220 V、380 V。

6. 按钮

1）按钮的结构及工作原理

控制按钮是一种结构简单、使用广泛的手动电器,它可以配合继电器、接触器,对电动机实现远距离的自动控制。

控制按钮由按钮帽、复位弹簧、桥式触点和外壳等部分组成,通常做成复合式,即具有常闭触点和常开触点,如图1－37所示。按钮按下时,常闭触点先断开,常开触点后闭合;按钮释放时,在复位弹簧的作用下,按钮触点按相反顺序自动复位。

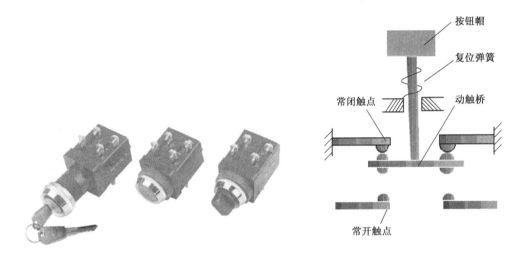

图1－37　按钮开关外形及结构示意图

2）按钮的分类及型号规格

控制按钮的种类很多,按操作方式分有揿钮式、紧急式、钥匙式、旋钮式、带指示灯式等。按防护方式分有开启式、保护式、防水式、防腐式等。常用的控制按钮有LA2、LA18、LA20、LAY1、LAY3、LAY6等系列。按钮开关的图形符号、文字符号及型号如图1－38所示。其中,结构形式代号的含义:K表示开启式,S表示防水式,J表示紧急式,X表示旋钮式,H表示保护式,F表示防腐式,Y表示钥匙式,D表示带指示灯式。

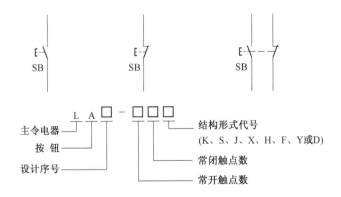

图1－38　按钮开关的图形符号、文字符号及型号

3）按钮的选用

①根据使用场合和用途选择按钮的种类。例如,手持移动操作应选用带有保护外壳的按钮;嵌装在操作面板上可选用开启式按钮;显示工作状态可选用光标式按钮;为防止无关人员误操作,在重要场合应选用带钥匙操作的按钮。

②合理选用按钮的颜色。停止按钮选用红色钮;启动按钮优先选用绿色钮,但也允许选用黑、白或灰色钮;一钮双用(启动/停止)不得使用绿色、红色,而应选用黑色、白色或灰色钮。

7. 热继电器

1）热继电器的结构及工作原理

电动机在运行过程中若过载时间长,过载电流大,电动机绕组的温升就会超过允许值,使电动机绕组绝缘老化,缩短电动机的使用寿命,严重时甚至会使电动机绕组烧毁。因此,电动机在长期运行中,需要对其过载提供保护装置。热继电器是利用电流的热效应原理实现电动机过载保护的。图 1-39 所示为几种常用热继电器外形。

(a) JR16系列热继电器　　　(b) JRS5系列热继电器　　　(c) JRS1系列热继电器

图 1-39　几种常用热继电器外形

热继电器主要由热元件、双金属片和触点组成,是利用电流热效应原理工作的保护电器。它主要与接触器配合使用,用作电动机的过载与断相保护。双金属片由两种热膨胀系数不同的金属辗压而成,当双金属片受热时,会出现弯曲变形。使用时,把热元件串联于电动机的主电路中,而常闭触点串联于电动机的控制电路中。图 1-40 是热继电器的结构示意图。

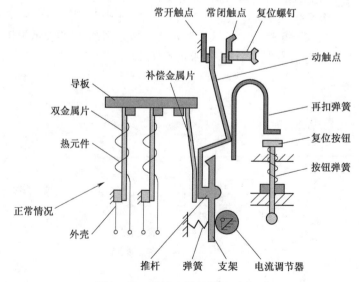

图 1-40　热继电器的结构示意图

2）热继电器的符号及型号

热继电器的图形符号、文字符号及型号如图1-41所示。

3）热继电器的选用

①选类型。一般情况，可选择两相或普通三相结构的热继电器，但对于三角形接法的电动机，应选择三相结构并带断相保护功能的热继电器。

②选额定电流。热继电器的额定电流要大于或等于电动机的工作电流。

③一般情况下，热元件的整定电流为电动机额定电流的0.95～1.05倍；若电动机启动时间太长，热元件的整定电流为电动机额定电流的1.1～1.5倍；若电动机的过载能力差，可取0.6～0.8倍。

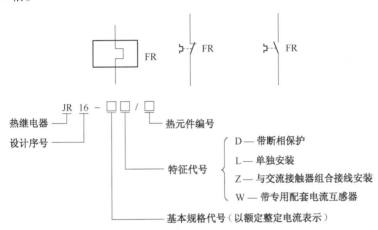

图1-41 热继电器的图形符号、文字符号及型号

8. 时间继电器

在自动控制系统中，需要有瞬时动作的继电器，也需要延时动作的继电器。时间继电器就是利用某种原理实现触点延时动作的自动电器，经常用于时间控制原则进行控制的场合。时间继电器是利用电磁、电子或机械原理来延迟触点动作时间的控制电器，按动作原理与构造可分为空气阻尼式、晶体管式和电子式等，其外形如图1-42所示。时间继电器是在线圈得电或断电后，触点要经过一定时间延时后才能动作或复位。时间继电器分通电延时型和断电延时型两种，通电延时型是线圈通电吸合后触点延时动作；断电延时型是线圈断电释放后触点延时动作。

（a）空气阻尼式时间继电器　　　（b）晶体管式时间继电器　　　（c）电子式时间继电器

图1-42 时间继电器外形

1）空气阻尼式时间继电器的结构和工作原理

空气阻尼式时间继电器是利用空气阻尼原理获得延时的。它由电磁系统、延时机构和

触点三部分组成。

图 1-43 所示为 JS7-A 系列空气阻尼式时间继电器结构示意图。空气阻尼式时间继电器延时方式有通电延时型和断电延时型两种。其外观区别在于:当衔铁位于铁芯和延时机构之间时为通电延时型;当铁芯位于衔铁和延时机构之间时为断电延时型。下面以 JS7-A系列时间继电器为例来分析时间继电器的工作原理。

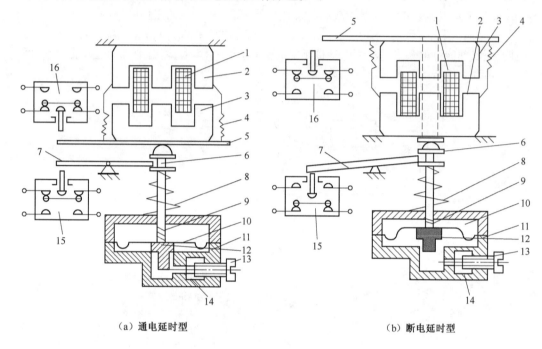

（a）通电延时型　　　　　　　　　　　　　（b）断电延时型

图 1-43　JS7-A 系列空气阻尼式时间继电器结构示意图

1—线圈;2—铁芯;3—衔铁;4—反力弹簧;5—推板;6—活塞杆;7—杠杆;8—塔式弹簧;
9—弹簧;10—橡皮膜;11—空气室壁;12—活塞;13—调节螺钉;14—进气孔;15、16—微动开关

工作原理:当线圈 1 通电后,衔铁 3 连同推板 5 被铁芯 2 吸引向上吸合,上方微动开关16 压下,使上方微动开关触点迅速转换。同时在空气室壁 11 内与橡皮膜 10 相连的活塞杆6 在塔式弹簧 8 作用下也向上移动,由于橡皮膜下方的空气稀薄形成负压,起到空气阻尼的作用,因此活塞杆只能缓慢向上移动,移动速度由进气孔 14 的大小而定,可通过调节螺钉 13调整。经过一段延时后,活塞 12 才能移到最上端,并通过杠杆 7 压动微动开关 15,使其常开触点闭合,常闭触点断开。而另一个微动开关 16 是在衔铁吸合时,通过推板 5 的作用立即动作,故称微动开关 16 为瞬动触点。当线圈断电时,衔铁在反力弹簧 4 作用下,将活塞推向下端,这时橡皮膜下方气室内的空气通过橡皮膜 10、弹簧 9 和活塞 12 的肩部所形成的单向阀,迅速将空气排掉,使微动开关 15、16 触点复位。

空气阻尼式时间继电器的延时时间为 0.4~180 s,但精度不高。

2)时间继电器的符号及型号

时间继电器的图形符号、文字符号及型号如图 1-44 所示。

3)时间继电器的选用

①根据系统的延时范围和精度选择时间继电器的类型和系列。在延时精度要求不高的场合,可选用空气阻尼式时间继电器;要求延时精度高、延时范围较大的场合,可选用晶体管式时间继电器。目前电气设备中较多使用晶体管式时间继电器。

②根据控制电路的要求选择时间继电器的延时方式(通电延时型或断电延时型)。

③时间继电器电磁线圈的电压应与控制电路电压等级相同。

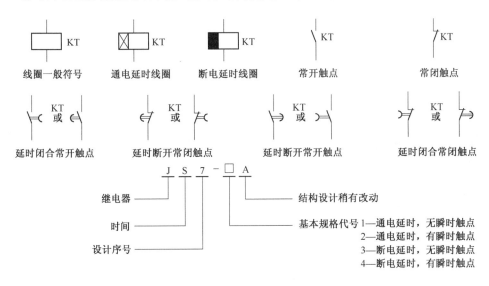

图1-44　时间继电器的图形符号、文字符号及型号

9. 中间继电器

中间继电器实质上是一种电压继电器,结构原理与接触器相同,但它的触点数量较多,其主要用途为:当其他继电器的触点对数或触点容量不够时,可以借助中间继电器来扩展它们的触点数或触点容量,起到信号中继作用。另外,触点的额定电流较大(5~10 A),在10 A以下电路中可代替接触器起控制作用。中间继电器有交流和直流继电器之分。中间继电器外形、图形符号、文字符号及型号如图1-45所示。

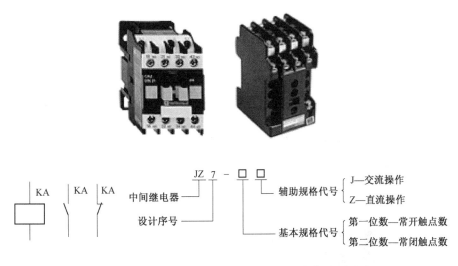

图1-45　中间继电器外形、图形符号、文字符号及型号

10. 速度继电器

速度继电器是用来反映转速与转向变化的继电器。它可以按照被控电动机转速的大小

使控制电路接通或断开。速度继电器通常与接触器配合,主要用于笼形异步电动机的反接制动控制,所以又称反接制动继电器。其外形、结构示意图、图形符号、文字符号及型号如图 1-46 所示。

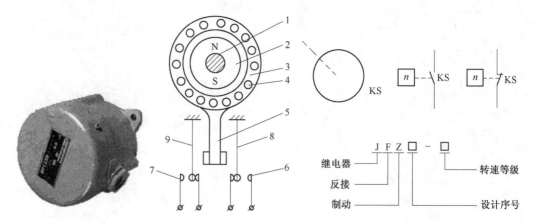

图 1-46　速度继电器外形、结构示意图、图形符号、文字符号及型号
1—电动机轴;2—转子;3—定子;4—定子绕组;5—定子柄;6、7—静触点;8、9—簧片

速度继电器主要由定子、转子和触点三部分组成。定子的结构与笼形异步电动机的转子相似,是一个笼形空心圆环,由硅钢片冲压叠成,并嵌有笼形绕组,转子是一个圆柱形永久磁铁。

速度继电器的工作原理:速度继电器转子的轴与电动机的轴相连接,转子固定在轴上,定子与轴同心空套在转子上。当电动机转动时,速度继电器的转子随之转动,绕组切割磁感线产生感应电动势和感生电流,此电流和永久磁铁的磁场作用产生转矩,使定子向轴的转动方向偏摆,通过定子柄拨动触点,使常闭触点断开、常开触点闭合。当电动机转速下降到接近零时,转矩减小,定子柄在弹簧力的作用下恢复原位,触点也复原。速度继电器根据电动机的额定转速进行选择。

11. 行程开关

行程开关又称位置开关或限位开关,是一种根据行程位置而切换电路的电器,广泛用于各类机床和起重机械,用以控制其行程或进行终端限位保护。

行程开关的种类很多,在电气设备中常用行程开关的外形、图形符号及文字符号如图 1-47 所示。行程开关的结构示意图及型号如图 1-48 所示。

各种系列的行程开关其基本结构大体相同,都是由操作头、触点系统和外壳组成。操作头接受机械设备发出的动作指令或信号,并将其传递到触点系统,触点再将操作头传递来的动作指令或信号通过本身的结构功能变成电信号,输出到有关控制回路。

图 1-47　常用行程开关的外形、图形符号及文字符号

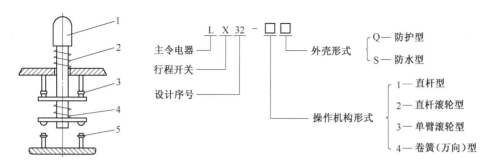

图 1-48　行程开关的结构示意图及型号

1—顶杆；2—弹簧；3—常闭触点；4—触点弹簧；5—常开触点

任务实现

低压电器元件检修时的注意事项：

①不要盲目地拆卸，否则会造成漏装或忘记某一个部件。

②拆卸时要注意每一个操作步骤，以免造成器件的丢失。

③拆装时要注意不要用力过大，以免造成器件的损坏。

④注意安装的顺序，以免造成错件的现象。

⑤检修完毕后要注意通电观察，以免造成不必要的麻烦。

⑥检修时要注意工具的使用，以免误伤。

1. 刀开关

刀开关出现的主要故障有：刀闸接触不良、螺钉拧不下来。

①刀闸接触不良主要是刀闸开关动、静触点处有老化的现象造成的，可以将老化层除去，以排除故障。

②螺钉拧不下来主要是由于刀闸过电流造成的，将螺钉焊死在上面了。这种情况一般要求将螺钉取下后，重新攻丝，即可排除故障。

2. 组合开关

组合开关出现的主要故障是接触不良。只需要将触点之间的氧化层除去即可排除故障。

3. 断路器

断路器出现的主要故障有：触点不能闭合；触点闭合后缺相；分励脱扣不能使断路器分断；欠电压脱扣器不能使断路器分断；启动电动机时，断路器立即分断；断路器工作一段时间后分断；欠电压脱扣器噪声大；断路器温升过高等。

①触点不能闭合的原因：欠电压脱扣器无电压或线圈烧坏；储能弹簧变形，导致闭合力减小；反作用弹簧力过大；机构不能复位再扣。

排除方法：加上电压或更换线圈；更换储能弹簧；重新调整；调整脱扣器至规定值。

②触点闭合后缺相的原因：断路器一相连杆断裂；限流断路器拆开机构的可拆连杆之间的角度变大；锁扣杆不到位。

排除方法：更换连杆；调整角度至170°；调整连杆在方轴部位的锁扣杆角度。

③分励脱扣不能使断路器分断的原因：线圈短路；电源电压过低；脱扣器整定值太大；螺钉松动。

排除方法：更换线圈；调整电源电压至额定值；重新调整脱扣值或更换断路器；拧紧

螺钉。

④欠电压脱扣器不能使断路器分断的原因：反力弹簧力变小；若属储能释放，则储能弹簧力变小；机构卡死。

排除方法：调整反力弹簧；调整储能弹簧；消除卡死。

⑤启动电动机时，断路器立即分断的原因：过电流脱扣器瞬时整定电流太小；空气式脱扣器阀门失灵或橡皮膜破裂。

排除方法：调整过电流脱扣器瞬时整定弹簧；修复阀门或更换橡皮膜。

⑥断路器工作一段时间后分断的原因：过电流脱扣器长延时整定值不符；热元件或半导体延时电路元件损坏。

排除方法：重新调整；更换热元件或延时电路元件。

⑦欠电压脱扣器噪声大的原因：反力弹簧力太大；铁芯工作面有污物；短路环断裂。

排除方法：调整反力弹簧；清除污物；更换衔铁或铁芯。

⑧断路器温升过高的原因：触点压力过低；触点表面磨损或接触表面粗糙严重；连接导线紧固螺钉松动。

排除方法：调整触点压力或更换弹簧；更换触点或修正触点工作面，使之平整、清洁，或更换断路器；拧紧紧固螺钉。

4. 接触器

接触器出现的主要故障有：触点接触不良、线圈短路或断路、噪声过大、机械部件卡死、吸合时铁芯声音过大等。

①触点接触不良主要是由于长时间的吸合导致触点表面氧化造成的。一般用细砂纸均匀地打磨一遍即可，如果老化过重需要重新更换。

②线圈短路或断路，一般是由于使用过程中有杂物或导体等不小心从散热孔掉入或电流过大导致线圈烧毁，这种故障需要重新更换原型号线圈。

③噪声过大主要是由于接触器短路铜环有故障或接触器安装前没有进行内部的清洁（主要是铁芯上的防锈油没有擦干净）。

④机械部件卡死主要是接触器安装过程中的一些细节没有注意到，或安装错误导致接触器机械部件卡死，运行困难。这种故障需要重新安装并手动试一试，看看是否工作正常，有无运行困难的现象。

⑤吸合时铁芯声音过大，此故障一般无多大影响，主要是由于铁芯的涡流过大造成的。

5. 按钮

按钮出现的故障只有接触不良，这主要是由于触点老化或固定静触点的螺钉松动造成的，找到原因恢复即可。

6. 热继电器

热继电器出现的主要故障有：断路、常开和常闭触点不能复位等。

①断路故障一般是由于电路的负载过重造成的，主要是电路的电流过大而导致继电器内部的连接点有断点的现象。这种故障一般可以将断点连接上或者更换新的继电器即可排除。

②常开和常闭触点不能复位主要是由于继电器保护后，由于机械部件的活动量或变形量不够造成的，此故障可以手动复位，如果手动复位失效可以更换新的继电器，一般要是接触点接触不良，可以用细纱纸打磨即可；若还是接触不良，可以更换新的继电器。

7. 时间继电器

时间继电器出现的主要故障：不吸合、动作时间过长或过短、触点接触不良、不动作。

①不吸合的原因:线圈的接线不良、接线柱的接触不好或接线柱与线圈的接线没有接牢,找到故障点恢复即可。如果是由于线路的装配上有问题,则需要认真检查,找出故障点。

②动作时间过长或过短,主要是由于调整不对,调整气囊的动作时间,达到标准值即可;如果是气囊的调整部件损坏或气囊损坏,则需要重新更换。

③触点接触不良,需要重新更换。因为时间继电器的内部触点过于细小,如果打磨会造成触点接触不良,所以一定要更换新的触点。

④不动作,这种故障主要是由于气囊的推动机构动作迟缓,或调整时间位置不当造成的,在实际中一般是调整时间位置不当。在这其中,要区分是哪种原因造成的,才可以对其进行排除。有时也可能是线圈根本就没有通电造成的,这时要检查接线。

8. 螺旋保险

螺旋保险出现的主要故障是,保险芯总是不到位接触不上,造成电路无法接通:这主要是由于外套的瓷制旋口没有上到位造成的,重新安装即可。

9. 限位开关

限位开关出现的主要故障是,触点不能回位。这主要是因为内部的机械弹簧弹力减小而造成的。

习　题　一

1. 填空题

(1)三相异步电动机由两个基本部分组成,即(　　　　)和(　　　　)。

(2)三相异步电动机三相绕组可以构成(　　　　)联结或(　　　　)联结。

(3)定子在空间静止不动,主要由(　　　　)、(　　　　)、(　　　　)等部分组成。

(4)停止按钮选用(　　　　)按钮;启动按钮优先选用(　　　　)按钮。

(5)改变交流电动机的转速,可改变(　　　　);改变(　　　　);改变(　　　　)。

(6)热继电器主要与接触器配合使用,用作电动机的(　　　　)与(　　　　)。

(7)熔断器广泛应用于低压配电系统和控制系统及用电设备中作(　　　　)和(　　　　)保护。

(8)速度继电器是用来反映(　　　　)与(　　　　)变化的继电器。

(9)行程开关用以控制其(　　　　)或进行(　　　　)限位保护。

(10)中间继电器用来扩展其他继电器的(　　　　)或(　　　　),起到信号中继作用。

2. 选择题

(1)旋转磁场的速度与(　　　)和电动机极数有关。

　　a. 电压　　　　　　　　　b. 电流频率　　　　　　　　c. 功率

(2)三相异步电动机正常工作时转子的转速必然要(　　　)旋转磁场的转速。

　　a. 等于　　　　　　　　　b. 大于　　　　　　　　　　c. 小于

(3)当改变交流电动机供电电源的(　　　),就可改变三相异步电动机的转向。

　　a. 相序　　　　　　　　　b. 电压　　　　　　　　　　c. 电流

(4)一台长期工作的电动机额定电流为14 A,则其保护熔断器熔体电流可选取(　　　)。

　　a. 14 A　　　　　　　　　b. 30 A　　　　　　　　　　c. 140 A

(5)低压断路器过电流脱扣器的线圈和热脱扣器的热元件与主电路(　　　),欠电压脱扣器的线圈和电源(　　　)。

　　a. 串联,并联　　　　　　b. 并联,串联　　　　　　　c. 并联,并联

(6)我国电网的频率(即工频)规定为(　　)。

　　a. 50 Hz　　　　　　　b. 60 Hz　　　　　　　　c. 100 kHz

(7)若负载不变,三相供电变为单相供电,电流将变大,导致电动机(　　)。

　　a. 速度变快　　　　　　b. 停止　　　　　　　　c. 过热

(8)按下复合按钮时,(　　)。

　　a. 常开触点先闭合　　　b. 常闭触点先断开　　　c. 常开、常闭触点同时动作

(9)用于电动机直接启动时,可选用额定电流等于或大于电动机额定电流(　　)的三极刀开关。

　　a. 1 倍　　　　　　　　b. 3 倍　　　　　　　　c. 5 倍

(10)热继电器金属片弯曲是由于(　　)造成的。

　　a. 机械强度不同　　　　b. 热膨胀系数不同　　　c. 温差效应

(11)速度继电器的作用是(　　)。

　　a. 限制运行速度　　　　b. 控制电动机转向　　　c. 用于电动机反接制动

(12)热继电器在电动机控制电路中不能作(　　)。

　　a. 短路保护　　　　　　b. 过载保护　　　　　　c. 缺相保护

(13)由 4.5 kW、5 kW、7 kW 三台三相笼形异步电动机组成的电气设备中,总熔断器选择额定电流为(　　)的熔体。

　　a. 30 A　　　　　　　　b. 50 A　　　　　　　　c. 16.5 A

(14)交流接触器短路环的作用是(　　)。

　　a. 短路保护　　　　　　b. 消除铁芯振动　　　　c. 增大铁芯磁通

(15)下列常用低压保护电器为(　　)。

　　a. 刀开关　　　　　　　b. 熔断器　　　　　　　c. 接触器

(16)三相异步电动机在运行时出现一相电源断电,对电动机带来的影响主要是(　　)。

　　a. 电动机立即停转　　　b. 电动机转速降低、温度升高　c. 电动机反转

(17)通电延时时间继电器的线圈图形符号为(　　)。

(18)延时断开常闭触点的图形符号是(　　)。

(19)接触器的额定电流是指(　　)。

　　a. 线圈的额定电流　　　b. 主触点的额定电流　　　c. 辅助触点的额定电流

(20)交流接触器不释放,原因可能是(　　)。

　　a. 线圈断电　　　　　　b. 触点粘接　　　　　　c. 衔铁失去磁性

3. 判断题

(1)风扇则用来通风冷却电动机。　　　　　　　　　　　　　　　　(　　)

(2)转子绕组不需要外接电源供电,其电流是由电磁感应作用产生的。　(　　)

(3)任意对调两根电源线就可实现对异步电动机的反转控制。　　　　(　　)

(4)电动机外壳的接地线必须可靠地接大地,以防止漏电引起人身伤害。(　　)

(5)三相异步电动机若在启动前有一相断相,仍能正常启动。　　　　　　　　(　　)

(6)断电延时型是线圈通电吸合后触点延时动作。　　　　　　　　　　　　　(　　)

(7)时间继电器就是利用某种原理实现触点延时动作的自动电器。　　　　　　(　　)

(8)交流接触器具有失电压和欠电压保护功能。　　　　　　　　　　　　　　(　　)

(9)热继电器既能作过载保护,也能作短路保护。　　　　　　　　　　　　　(　　)

(10)常闭按钮可作为停止按钮使用。　　　　　　　　　　　　　　　　　　(　　)

(11)接触器除通断电路外,还具有短路和过载保护功能。　　　　　　　　　　(　　)

(12)接触器线圈通电时,常闭触点先断开,常开触点后闭合。　　　　　　　　(　　)

(13)交流接触器线圈电压过高或过低都会造成线圈过热。　　　　　　　　　　(　　)

4. 简答题

(1)画出下列电器元件的图形符号,并标出对应的文字符号:熔断器、复合按钮、通电延时型时间继电器、交流接触器、中间继电器。

(2)简述接触器常见故障及其处理方法。

(3)低压电器的电磁机构由哪几部分组成?

(4)熔断器为什么不能作过载保护?

(5)熔断器与热继电器用于保护交流三相异步电动机时能不能互相取代? 为什么?

(6)交流接触器主要由哪几部分组成? 简述其工作原理。

(7)试说明热继电器的工作原理。热继电器能否作短路保护? 为什么?

(8)中间继电器与交流接触器有什么区别? 什么情况下可用中间继电器代替交流接触器使用?

项目二　常用典型电气控制电路安装与维护

学习目标

1. 掌握典型电气控制电路的工作原理。
2. 能识读电气控制原理图、安装图。
3. 会安装及检修电动机正反转控制、送料小车自动往返控制、星-三角启动控制等线路。
4. 能用万用表分析和排查电气控制电路常见故障。

任务一　工作台自动往返循环控制

任务描述

工作台自动往返循环运行示意图如图 2 - 1 所示。工作台在行程开关 SQ1 和 SQ2 之间自动往复运行工作。工作台可以在任意位置向任一方向启动运行,在任何位置,均可按停止按钮使其停车,再次启动后,重复上述动作。工作台自动循环往复运行控制对实际生产非常实用,是常用的生产设备,如机床的工作台。它运行正常与否,对生产影响很大,该控制系统具有简单、可靠等优点。本任务用接触器和行程开关实现工作台自动往返循环控制。

图 2 - 1　工作台自动往返循环运行示意图

工作台自动往返控制

知识准备

1. 三相异步电动机单向连续运转控制电路

本控制电路涉及的低压电器元件有组合开关、熔断器、按钮、交流接触器、热继电器。它们的作用如下:

①组合开关 QS:用作电源隔离开关。

②熔断器 FU1、FU2:分别用作主电路、控制电路的短路保护。

③停止按钮 SB1:控制接触器 KM 的线圈失电;启动按钮 SB2:控制接触器 KM 的线圈得电。

④接触器 KM 的主触点:控制电动机 M 的启动与停止;接触器 KM 的常开辅助触点:用于自锁。

⑤热继电器 FR:对电动机进行过载保护。

工作原理分析如下：三相笼形异步电动机单向连续运转控制电路如图 2－2 所示。启动时，合上开关 QS，按下启动按钮 SB2，接触器 KM 线圈得电，电流通路如图 2－3 所示。接触器线圈得电，电磁机构动作，其常开主触点闭合，使电动机接通电源启动运转，同时与 SB2 并联的接触器常开辅助触点 KM(3－4) 也闭合，电流通路如图 2－4 所示。当松开 SB2 时，KM 线圈通过其自身常开辅助触点继续保持得电，从而保证电动机的连续运行，电流通路如图 2－5 所示。这种依靠接触器自身辅助触点而使其线圈保持得电的现象，称为自锁或自保持，这个起自锁作用的辅助触点称为自锁触点。（图中粗线均为电路的电流通路，以下相同）

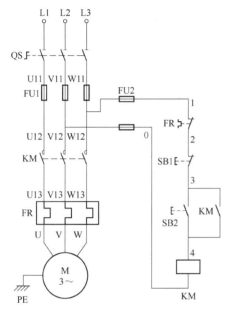

图 2－2　三相笼形异步电动机单向连续运转控制电路

图 2－3　按下启动按钮 SB2 时电流通路

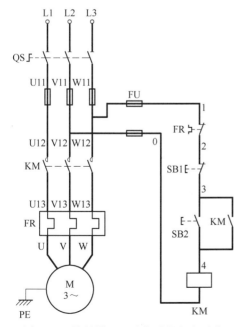

图 2－4　接触器 KM 动作后的电流通路

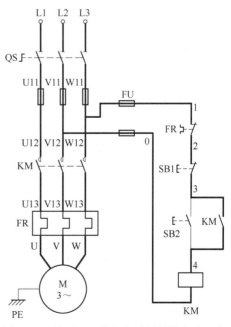

图 2－5　松开 SB2 按钮自动运行的电流通路

　　停止运转时,可按下停止按钮 SB1,KM 线圈失电释放,主触点和自锁触点均断开,电动机脱离电源停止运转。松开 SB1 后,由于此时控制电路已断开,电动机不能恢复运转,只有再按下 SB2,电动机才能重新启动运转。

　　当电动机出现长期过载而使热继电器 FR 动作时,其在控制电路中的常闭触点 FR(1 - 2)断开,使 KM 线圈失电,电动机停转,实现对电动机的过载保护。

　　自锁控制具有欠电压与失电压保护功能。当电源电压由于某种原因欠电压或失电压时,接触器电磁吸力急剧下降或消失,衔铁释放,KM 的常开触点断开,电动机停转;而当电源电压恢复正常时,电动机不会自行启动,避免事故发生。

　　2. 三相异步电动机正反转控制电路

　　三相异步电动机正反转控制电路涉及的低压电器元件有组合开关、熔断器、按钮开关、交流接触器、热继电器。它们的作用如下:

　　①组合开关 QS:用作电源隔离开关。

　　②熔断器 FU1、FU2:分别用作主电路、控制电路的短路保护。

　　③停止按钮 SB1:控制接触器 KM1、KM2 的线圈失电;正转启动按钮 SB2:控制接触器 KM1 的线圈得电;反转启动按钮 SB3:控制接触器 KM2 的线圈得电。

　　④接触器 KM1、KM2 的主触点:控制电动机 M 正反向的启动与停止;接触器 KM1、KM2 的常开辅助触点:用于自锁;接触器 KM1、KM2 的常闭辅助触点:用于联锁。

　　⑤热继电器:对电动机进行过载保护。

　　工作原理分析如下:图 2 - 6 所示为三相异步电动机正反转控制电路。图中 KM1 为正转接触器,KM2 为反转接触器。当按下正转启动按钮 SB2,KM1 线圈得电,电流通路如图 2 - 7 所示。接触器 KM1 线圈得电,电磁机构动作,其常开主触点闭合,使电动机接通电源正向启动运转,同时与 SB2 并联的接触器常开辅助触点 KM1(3 - 4)闭合自锁,常闭触点 KM1(6 - 7)断开,松开 SB2 按钮,电动机保持正转运行。此时,按下反转启动按钮 SB3,接触器 KM2 线圈

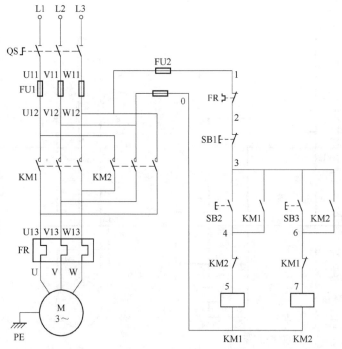

图 2 - 6　三相异步电动机正反转控制电路

不能得电,因为反转启动通路上 KM1(6-7)触点已断开。电流通路如图 2-8 所示。按下停止按钮 SB1,KM1 线圈失电,KM1 主触点及自锁触点断开,电动机停止运行,常闭触点 KM1(6-7)恢复闭合,可以进行反转启动。按下反转启动按钮 SB3,KM2 线圈得电并自锁,KM2 主触点闭合,改变电动机电源相序,电动机反转,常闭触点 KM2(4-5)断开,同样,此时电动机正转不能启动,电流通路如图 2-9 所示。将接触器 KM1 与 KM2 常闭触点分别串联在对方线圈电路中,是为防止主电路发生两相电源短路事故,形成相互制约的控制,称为互锁或联锁控制。这种利用接触器(或继电器)常闭触点的互锁称为电气互锁。

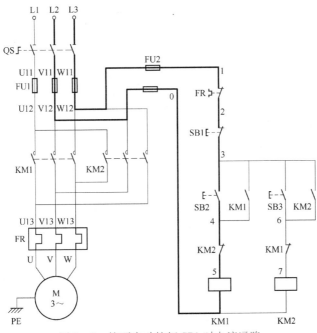

图 2-7 按下启动按钮 SB1 时电流通路

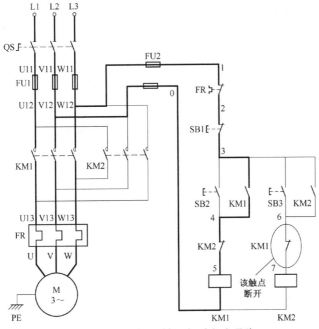

图 2-8 电动机正转运行时电流通路

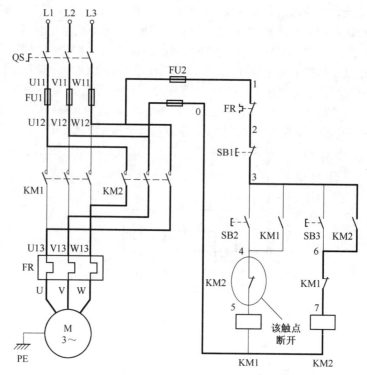

图 2 - 9　电动机反转运行时电流通路

3. 工作台自动往返循环控制电路

工作台自动往返循环控制电路涉及的低压电器元件有组合开关、熔断器、按钮开关、交流接触器、热继电器、行程开关。

它们的作用如下：

①组合开关 QS：用作电源隔离开关。

②熔断器 FU1、FU2：分别用作主电路、控制电路的短路保护。

③停止按钮 SB1：控制接触器 KM1、KM2 的线圈失电；启动按钮 SB2：控制接触器 KM1 的线圈得电；按钮 SB3：控制接触器 KM2 的线圈得电。

④接触器 KM1、KM2 的主触点：控制电动机 M 正反向的运行；接触器 KM1、KM2 的常开辅助触点：用于自锁；接触器 KM1、KM2 的常闭辅助触点：用于联锁。

⑤热继电器：对电动机进行过载保护。

⑥行程开关 SQ1、SQ2：控制电动机自动往返运行；SQ3、SQ4：用于限位保护。

工作原理分析如下：

驱动工作台自动往返的电动机的工作实质是正反转，而电动机正反转控制是应用非常广泛的一种控制，如在铣床加工中工作台的左右运动、前后和上下运动；电梯的升降运动，平面磨床矩形工作台的左右移动等。工作台自动往返循环运行示意图如图 2 - 1 所示。行程开关 SQ1、SQ2 为工作台正反向运行换向开关，SQ3、SQ4 为防止工作台超行程的限位保护开关。工作台自动往返循环控制原理图如图 2 - 10 所示，其工作原理是通过接触器 KM1 和 KM2 改变电动机所接电源的相序控制电动机的正反转实现工作台的正反向运行。当按下启动按钮 SB2 时，KM1 线圈得电并自锁，电动机正转，电流通路如图 2 - 11 所示。当工作台正向运行碰到行程开关 SQ1 时，SQ1（4 - 5）常闭触点断开，KM1 线圈失电，电动机停止正转。SQ1（3 - 8）常开触点闭合接通 KM2 线圈，KM2 主触点接通改变电动机电源相序，电动机反转,电流通路如图 2 - 12 所示。KM2 自锁,电动机反转,工作台反向运行,同理,当工作台碰到 SQ2 时又变为正向运行。工作台在到达两端后自动停止和再次反向启动是由行程开关发出信号控制的,这样通过工作台碰撞行程开关 SQ1、SQ2 实现了工作台自动往返循环运行控制。当 SQ1 或 SQ2 有故障,工作台碰到不能换向时,工作台碰到 SQ3 或 SQ4 停止,起到限位保护作用,防止工作台超出行程。

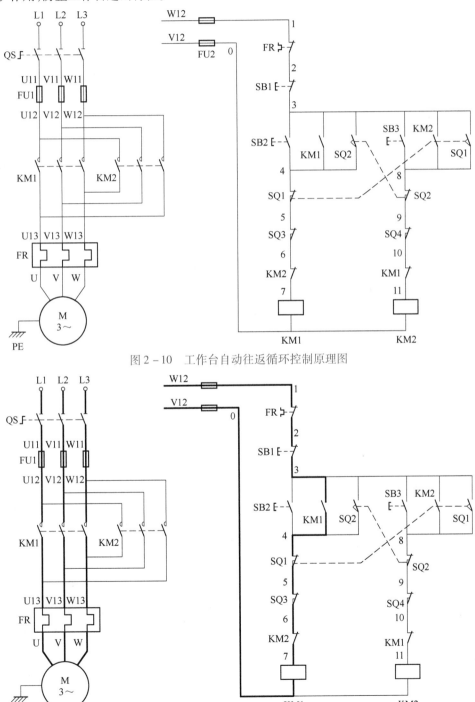

图 2 - 10　工作台自动往返循环控制原理图

图 2 - 11　工作台正向运行时电流通路

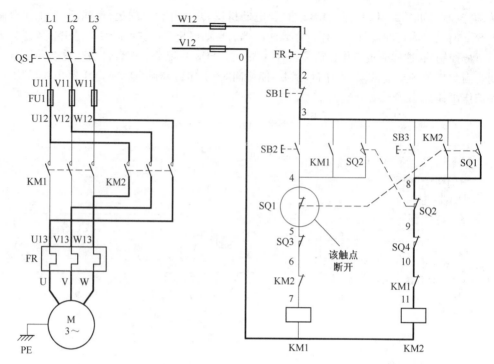

图 2 - 12　工作台反向瞬间电流通路

4. 电气控制系统图概述

电气控制系统是由许多电器元件按一定要求连接而成的。为了表达电气控制系统的结构组成、原理等设计意图,同时也为了便于系统的安装、调试、使用和维修,将电气控制系统中的各电器元件的连接用一定的图形表达出来,这种图就称为电气控制系统图。

常用的电气控制系统图有三种,即电气原理图、电器元件布置图和电气安装接线图。

1)电气原理图

电气原理图是用来表示电路中各电器元件的导电部件的连接关系和工作原理的。它应根据简单、清晰的原则,采用电器元件展开的形式来绘制,而不按电器元件的实际位置来画,也不反映电器元件的大小。其作用是为了分析电路的工作原理,指导控制系统或设备的安装、调试与维修。

2)电器元件布置图

电器元件布置图主要是用来表明电气设备上所有电器元件的实际位置,为设备的安装及维修提供必要的资料。电器元件布置图可根据系统的复杂程度集中绘制或分别绘制。常用的有电气控制箱中的电器元件布置图和控制面板布置图等。

3)电气安装接线图

电气安装接线图主要用于电器的安装接线,以及线路检查、维修和故障处理。通常电气安装接线图与电气原理图及电器元件布置图一起使用。电气安装接线图中需要表示出各电器项目的相对位置、项目代号、端子号、导线号和导线型号等内容。图中的各个项目(如元件、部件、组件、成套设备等)可采用其简化外形(如正方形、矩形、圆形)表示,简化外形旁应标注项目代号,并与电气原理图中的标注一致。

5. 操作注意事项

①熔断器的接线要正确,以确保用电安全。

②接触器联锁触点接线必须正确,否则将会造成主电路中两相电源短路事故。

③注意接线的合理,一个接线柱上接线以不超过三个为宜,以防因接触不良影响实训的进行。

④接线前合理安排电器的位置,通常以便于操作为原则。各电器相互间距离适当,以连线整齐、美观并便于检查为准。

⑤在连线中,要掌握一般的控制规律,例如先串联后并联;先主电路后控制电路;先控制接点,后保护接点,最后接控制线圈等。

⑥按接线图进行板前明线布线和套编码套管。做到布线横平竖直、整齐、分布均匀、紧贴安装面、走线合理;套编码套管要正确;严禁损伤线芯和导线绝缘;接点牢靠,不得松动,不得压绝缘层,不反圈及不露铜过长等。

⑦连接电路完成后,应全面检查,认为无误后,请指导老师检查,然后方可通电调试。

⑧进行控制电路实训时,应有目的地操作主令电器,观察电器的动作情况,进一步理解电路工作原理。若出现不正常现象时,应立即断开电源,检查分析,排除故障后继续进行实训。

⑨检修时应注意检修步骤,检修思路和方法要正确,不能随意测量和拆线。

⑩带电检修时,必须有教师在现场监护,排除故障应断电后进行。

⑪检修时严禁扩大故障,损坏元器件。

⑫训练应在规定的额定时间内完成,同时要做到安全操作和文明生产。

⑬不允许带电安装元件或连接导线,在有指导教师现场监护的情况下才能接通电源。停止时必须先按停止按钮,不允许带负荷分断电源开关。

⑭实训结束应先断开电源,认真检查实训结果,确认无遗漏或其他问题后,经指导教师检查同意后,方可拆除线路,清理实训设备、导线、工具并报告指导教师后方可离开实训室。

6. 补充知识

1)点动控制电路

机械设备长时间运转,即电动机持续工作,称为长动,如自锁电路控制。机械设备手动控制间断工作,即按下启动按钮,电动机转动;松开按钮,电动机停转,这样的控制称为点动控制。点动控制电路如图2-13所示。由于点动控制为短时工作制,而交流电动机允许短时过载,所以点动控制电路一般不加过载保护。

2)点动与连续运转控制电路

机床设备在正常工作时一般需要电动机处在连续运转状态,但在试车或调整刀具与工件的相对位置时,又需要电动机能点动控制,实现这种工艺要求的线路是既能连续又能点动综合控制电路。一般实现既能点动又能连续运转控制的电路有三种方式:

(1)复合按钮实现的既能点动又能连续运转控制电路

如图2-14所示,按下连续控制按钮SB2,接触器KM线圈得电,常开触点KM(4-5)闭合自锁,电动机连续运行,按下停止按钮SB1,电动机停转。按下点动控制按钮SB3,接触器KM线圈得电,电动机运行,常开触点KM(4-5)虽然闭合,但自锁回路被SB3(3-5)常闭触点断开,不能自锁,松开SB3,电动机停转,只能点动控制。这样就实现了既能点动又能连续运转控制。

在这种控制方式中,松开SB3时,必须在KM自锁触点断开后SB3的常闭触点再闭合,如果接触器发生缓慢释放,KM的自锁触点还没有断开,SB3的常闭触点已经闭合,KM线圈就不会失电,这样就变成连续控制了。

(2)继电器实现的既能点动又能连续运转控制电路

如图2-15所示,是用中间继电器实现的既能点动又能连续运转控制电路。按下点动按钮SB3,KM线圈得电,电动机运行,松开按钮SB3,电动机停转,不能自锁,因为继电器K(3-

5）常开触点不是 KM 的自锁点，电动机只能点动运行。按下连续按钮 SB2，继电器 K 线圈得电并自锁，继电器 K(3 - 5)常开触点闭合，接通 KM 线圈，使电动机保持连续运行，按下停止按钮 SB1，电动机停转。

（3）开关实现的既能点动又能连续运转控制电路

如图 2 - 16 所示，断开开关 SA，自锁回路被断开，按下启动按钮 SB2，只能实现点动控制。合上开关 SA，按下启动按钮 SB2，KM 线圈得电并自锁，电动机实现连续运行，按下停止按钮 SB1，KM 线圈失电，电动机停转。

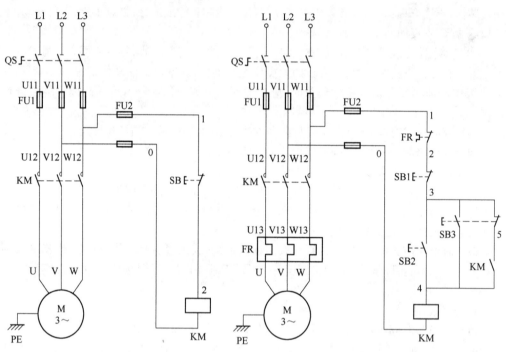

图 2 - 13　点动控制电路　　　　图 2 - 14　复合按钮实现的既能点动又能连续运转控制电路

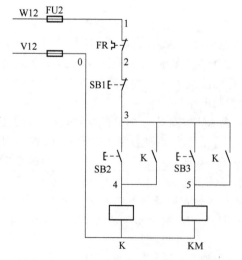

图 2 - 15　继电器实现的既能点动又能
连续运转控制电路

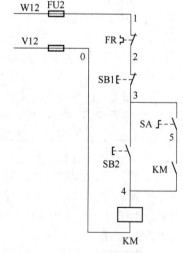

图 2 - 16　开关实现的既能点动又能
连续运转控制电路

3）顺序控制电路

在生产实际中,有些设备常常要求多台电动机按一定的顺序实现启动和停止。例如车床主轴转动时,要求油泵先给润滑油,主轴停止后,油泵方可停止润滑,即要求油泵电动机先启动,主轴电动机后启动,主轴电动机停止后,才允许油泵电动机停止。图 2 - 17 就是实现该过程的控制电路。

在图 2 - 17 中,假设 M1 为油泵电动机,M2 为主轴电动机。由图可见,接触器 KM2 的线圈电路中串入了接触器 KM1 的常开辅助触点 KM1(7 - 8),这样只有当接触器 KM1 线圈得电,常开触点 KM1(7 - 8)闭合后,才允许 KM2 线圈得电,即电动机 M1 先启动后才允许电动机 M2 启动。将接触器 KM2 的常开触点 KM2(3 - 4)并联在电动机 M1 的停止按钮 SB1 两端,这样当接触器 KM2 线圈得电,电动机 M2 运转时,SB1 被 KM2(3 - 4)常开触点短接,不起作用,只有当接触器 KM2

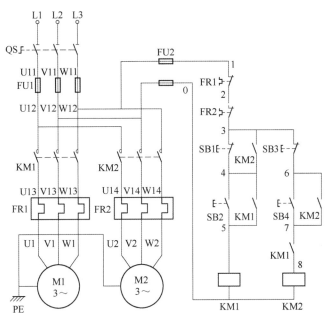

图 2 - 17　顺序控制电路

线圈失电,KM2(3 - 4)常开触点断开,SB1 才能起作用,油泵电动机 M1 才能停止。这样就实现了按顺序启动、按顺序停止的顺序控制。

4）多地点控制电路

在大型生产设备上,为使操作人员在不同的方位均能进行操作,常常要求多地控制。图 2 - 18 所示为两地控制电路,图中 SB3、SB4 为启动按钮,SB1、SB2 为停止按钮,分别安装在两个不同的地方。在任一地点按下启动按钮,KM 线圈都能得电并自锁,而在任一地点按下停止按钮,KM 线圈都会失电。从图 2 - 18 中可以看出,实现多地点控制时,启动按钮应并联,停止按钮应串联。

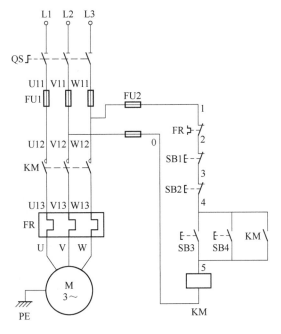

图 2 - 18　两地控制电路

任务实现

1. 电动机正反转控制电路安装接线与维护

1）电动机正反转控制电路安装接线

电动机正反转控制电路安装接线图如图 2－19 所示，粗线为主电路，细线为控制电路。
安装接线时应做到：

①仔细观察所使用的元器件，熟悉它们的动作原理。

②按图 2－19 接线图接线。

③质量检查：

对照原理图（图 2－6）检查主电路。

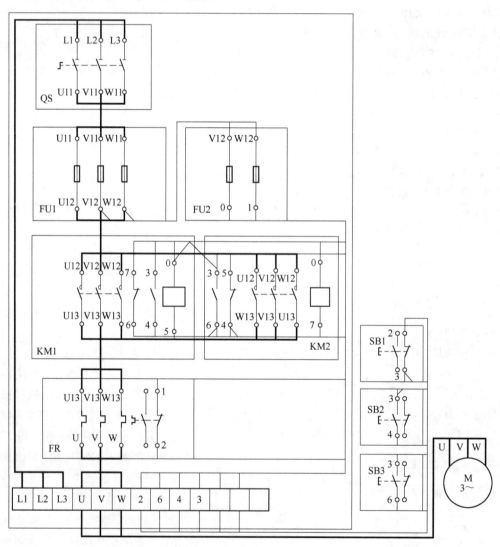

图 2－19　电动机正反转控制电路元件安装接线图

万用表打在 Ω 挡，两表笔搭在 FU2 两端，按下 SB2，指针偏转（指针停留在 KM1 线圈的
阻值位置），松开 SB2，按下 SB3，指针偏转（指针停留在 KM2 线圈的阻值位置），松开 SB2。

若指针不偏转,则说明电路断路,应查出并排除故障。

按下 KM1,指针偏转,同时按下 KM2,指针不偏转。若指针不偏转,则说明自锁功能不正常,应检查与自锁功能相关的电路。

④经指导教师检查合格后进行通电操作。

2)电气故障检查

电气故障检查首先进行外观检查,如是否有线圈烧毁、端子接头脱落等。如果外观无问题,再进一步用万用表检查电路,有电压检查法和电阻检查法。电压检查法是带电检查,一定要注意万用表的电压挡位,如果用低电压挡位测量高电压将损坏万用表;电阻检查法是断电检查。电气故障检查要根据故障现象,在图样上确定故障范围,对照图样在电气电路上用万用表逐一排查。所以,电气故障检查首先要熟悉电气原理图。

故障现象 1:电动机不转,伴有"嗡嗡"声。

故障可能原因:主电路断路缺相,是 L1 相上的熔断器熔断,或电动机 M 某一相损毁等。不能是 L2 或 L3 相上的熔断器熔断,如果是则控制回路断开,电动机无法启动,就不会发现电动机缺相。故障范围如图 2-20 所示。

故障现象 2:按下停车按钮后正转电动机不能停车。

故障可能原因:KM1 的主触点熔焊。故障范围如图 2-21 所示。电动机运行过程中由于主电路往往电流比较大,在主触点接触不良,电阻较大情况下就容易发生触点熔焊。此故障打开接触器的灭弧罩直接就可以看到。

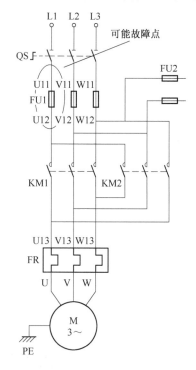

图 2-20　电动机缺相故障范围

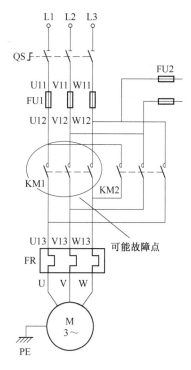

图 2-21　电动机主触点熔焊故障范围

故障现象 3:电动机正反向均不能启动。

故障可能原因:熔断器 FU1、FU2 有熔断;热继电器触点 FR(1-2)、停止按钮 SB1(2-3)接触不良。故障范围如图 2-22 所示。

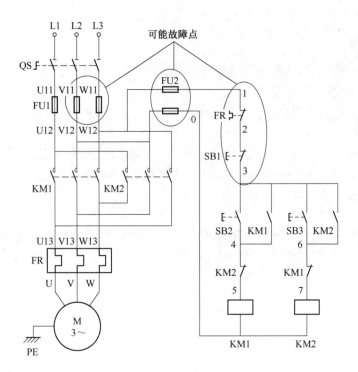

图 2 - 22   电动机正反向均不能启动故障范围

故障现象 4：电动机正向不能启动，反向能启动。

故障可能原因：电动机反向能启动说明电路（1 - 3）之间正常，可能的故障点是 KM2（4 - 5）常闭触点接触不良、KM1 线圈烧毁或按钮 SB2（3 - 4）触点接触不良。故障范围如图 2 - 23 所示。

故障现象 5：电动机正转不能自锁。

故障可能原因：KM（3 - 4）触点接触不良。故障范围如图 2 - 24 所示。

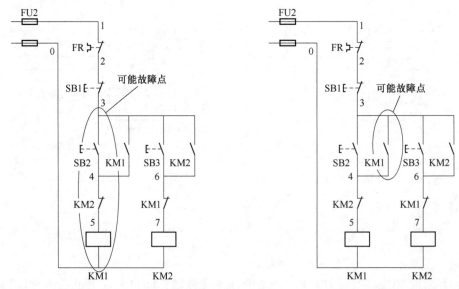

图 2 - 23   电动机正向不能启动故障范围　　　图 2 - 24   电动机正转不能自锁故障范围

2. 工作台自动往返循环控制电路安装接线与维护

1）工作台自动往返循环控制电路安装接线

工作台自动往返循环控制电路安装接线图如图 2－25 所示,粗线为主电路,细线为控制电路。安装接线时应做到:

①仔细观察所使用的元器件,熟悉它们的动作原理。

②按图 2－25 接线图接线。

③质量检查:

对照原理图 2－10 检查主电路。

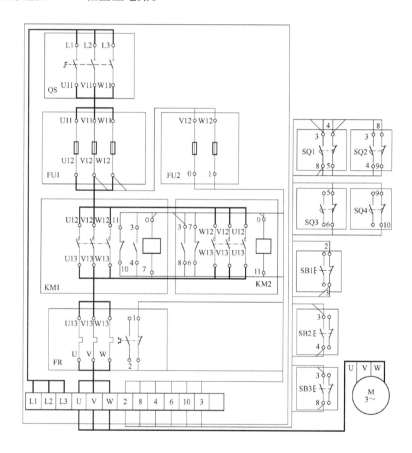

图 2－25　工作台自动往返循环控制电路安装接线图

万用表打在 Ω 挡,两表笔搭在 V12 和 W12 两端,按下 SB2,指针偏转(指针停留在 KM1 线圈的阻值位置),松开 SB2,按下 SB3,指针偏转(指针停留在 KM2 线圈的阻值位置),松开 SB3。若指针不偏转,则说明电路断路,应查出并排除故障。

按下 KM1 或按下 KM2,指针偏转。若指针不偏转,则说明自锁功能不正常,应检查与自锁功能相关的电路。

④经指导教师检查合格后进行通电操作。

2）电气故障检查

工作台自动往返循环控制电路电气故障检查与电动机正反转控制电路电气故障检查大致相同。

任务二　三相异步电动机星－三角降压启动控制

任务描述

由于三相异步电动机启动电流大（为额定电流的 5～7 倍），当电动机容量较大时，过大的启动电流会造成电路上很大的电压降，这不仅影响到电路上其他设备的运行，同时，也可能由于电压降过大而使电动机无法启动。为了减小启动电流，在电动机启动时必须采取适当的措施。对于正常运行时，定子绕组接成三角形的笼形异步电动机，均可采用丫-△（星－三角）降压启动方法，以达到限制启动电流的目的。启动时，定子绕组先接成星形（丫），此时加在电动机定子绕组两端的电压是相电压，待转速上升到接近额定转速时，再将定子绕组换接成三角形（△），电动机便进入全压正常运行。

本任务用接触器实现电动机丫－△降压启动控制，转换原理图如图 2－26 所示，接触器 KM3 闭合时，电动机绕组丫接；KM3 断开 KM2 闭合时，电动机绕组△接。

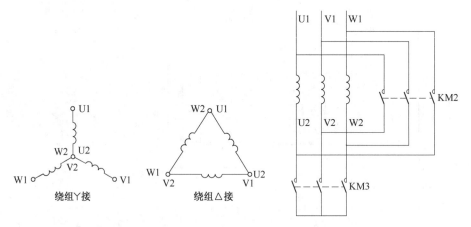

图 2－26　三相异步电动机丫－△转换原理图

知识准备

1. 星－三角降压启动控制工作原理

本任务涉及的低压电器元件有组合开关、熔断器、按钮、交流接触器、时间继电器、热继电器。

它们的作用如下：

①组合开关 QS：用作电源隔离开关。

②熔断器 FU1、FU2：分别用作主电路、控制电路的短路保护。

③ SB1 为停止按钮，SB2 为启动按钮。

④接触器 KM1 控制电动机电源，KM3 控制电动机定子绕组丫接，KM2 控制电动机定子绕组△接。

⑤时间继电器 KT：控制电动机启动时间。

⑥热继电器 FR：对电动机进行过载保护。

工作原理分析如下：图 2－27 为星－三角降压启动控制原理图。当合上开关 QS，按下启动按钮 SB2 时,KT、KM3 线圈同时得电,时间继电器 KT 开始延时,电流通路如图 2 - 28 所示。KM3 主触点闭合,电动机绕组接成星形,KM3(5 - 7)常开触点闭合,KM1 线圈得电,此时 KM3(7 - 8)常闭触点断开,电流通路如图 2 - 29 所示。KM1 主触点闭合,电动机星形启动,KM1 (3 - 7)常开触点闭合自锁,电流通路如图 2 - 30 所示。KT 延时时间到,KT 动作,此时,电动机转速接近额定转速,KT(5 - 6)常闭触点断开,KM3 线圈失电,电流通路如图 2 - 31 所示。

星三角降压
启动控制

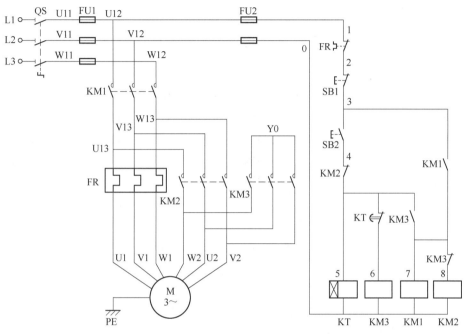

图 2 - 27　星 - 三角降压启动控制原理图

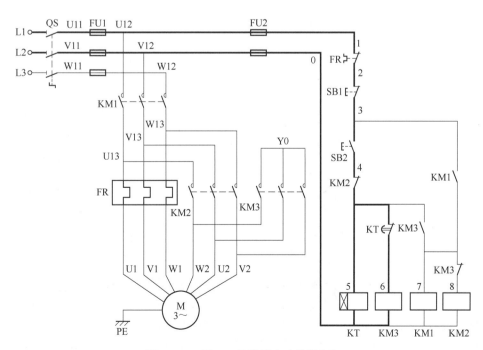

图 2 - 28　星 - 三角降压启动控制(1)

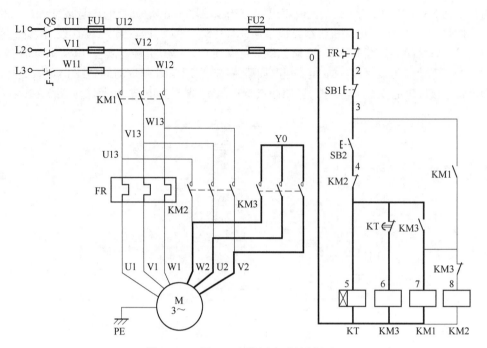

图 2 - 29　星 - 三角降压启动控制(2)

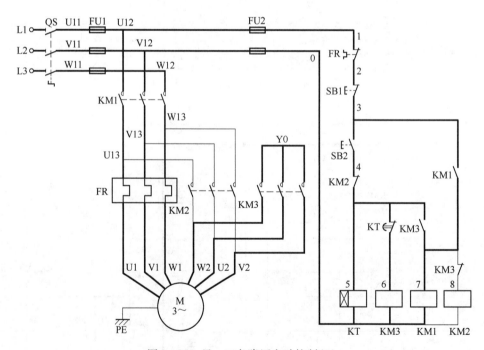

图 2 - 30　星 - 三角降压启动控制(3)

　　KM3 主触点断开,星形绕组断开,KM3(5 - 7)常开触点断开,KT 线圈失电,KM3(7 - 8)常闭触点恢复闭合,KM2 线圈得电,电流通路如图 2 - 32 所示。KM2 主触点闭合,使电动机接成三角形全压运行,KM2(4 - 5)常闭触点断开,避免误操作再次按下启动按钮 SB2 时使KM3 线圈得电,使星形和三角形接触器同时接通造成电源短路,电流通路如图 2 - 33 所示。启动过程完成,按下停止按钮 SB1,电动机停转。

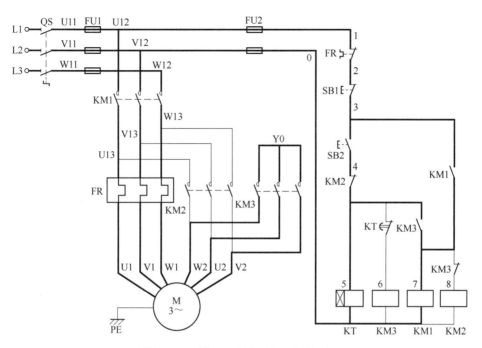

图 2 - 31 星 - 三角降压启动控制(4)

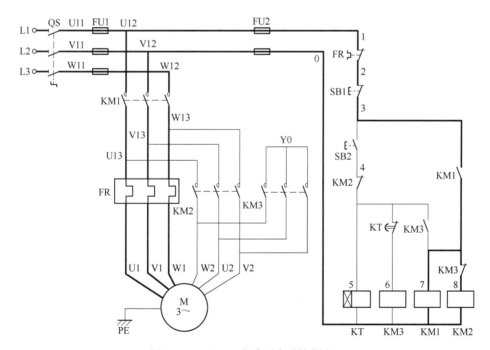

图 2 - 32 星 - 三角降压启动控制(5)

三相笼形异步电动机星 - 三角降压启动具有投资少、电路简单的优点。但是在限制启动电流的同时,启动转矩只有直接启动时的1/3。因此,它只适用于空载或轻载启动的场合。

2. 补充知识

1)定子串电阻降压启动控制电路

定子串电阻降压启动控制,是电动机启动时在定子绕组中串入电阻,使定子绕组上的电压降低,电流减小,启动结束后,再将电阻切除,使电动机在额定电压下运行。

　　如图 2-34 所示,定子串电阻降压启动控制电路涉及的低压电器元件有组合开关、熔断器、按钮开关、交流接触器、热继电器、时间继电器。

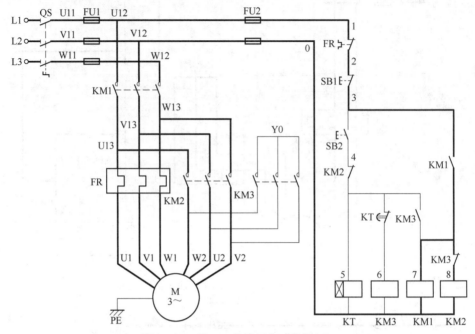

图 2-33　星-三角降压启动控制(6)

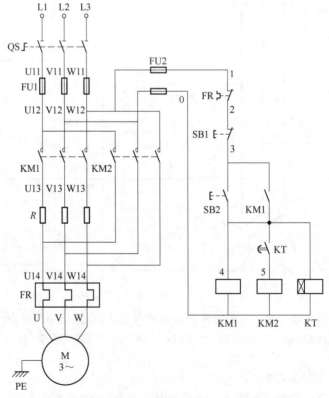

图 2-34　定子串电阻降压启动控制电路

它们的作用如下：

①组合开关 QS：用作电源隔离开关。

②熔断器 FUl、FU2：分别用作主电路、控制电路的短路保护。

③按钮 SB1：停止按钮；按钮 SB2：启动按钮。

④接触器 KM1：串电阻启动接触器；接触器 KM2：全压运行接触器；接触器 KM1 的常开辅助触点用于运行时的自锁。

⑤时间继电器 KT：用于控制电动机的启动时间。

⑥热继电器 FR：对电动机进行过载保护。

工作原理分析如下：

当合上组合开关 QS，按下启动按钮 SB2 时，KM1 线圈得电并自锁，电动机串入电阻 R 启动，同时接通时间继电器 KT，KT 开始延时工作，当达到 KT 的整定值时，其 KT(4-5)延时闭合常开触点闭合，使 KM2 线圈得电吸合，KM2 主触点闭合，将启动电阻 R 短接，电动机全压运行。

定子串电阻降压启动的方法由于不受电动机接线形式的限制，设备简单，所以在中小型生产机械上应用广泛。但是，定子串电阻降压启动，能量损耗较大。为了节省能量，可采用电抗器代替电阻，但其成本高，它的控制电路与电动机定子串电阻的控制电路相同。

2）自耦变压器降压启动控制电路

自耦变压器降压启动是将自耦变压器的一次侧接电源，二次侧低压接定子绕组。电动机启动时，定子绕组接到自耦变压器的二次侧，待电动机转速接近额定转速时，把自耦变压器切除，将额定电压直接加到电动机定子绕组上，电动机进入全压正常运行。

如图 2-35 所示，自耦变压器降压启动控制电路涉及的低压电器元件有组合开关、熔断器、按钮开关、交流接触器、热继电器、时间继电器、中间继电器。

它们的作用如下：

①组合开关 QS：用作电源隔离开关。

②熔断器 FUl、FU2：分别用作主电路、控制电路的短路保护。

③按钮 SB1：停止按钮；按钮 SB2：启动按钮。

④接触器 KM1、KM2 主触点：控制电动机经自耦变压器进行降压启动；KM3 主触点：控制电动机全压运行。

⑤时间继电器 KT：控制电动机启动时间。

⑥中间继电器 K：中间控制环节。

⑦热继电器 FR：对电动机进行过载保护。

工作原理分析如下：

当合上组合开关 QS，按下启动按钮 SB2 时，接触器及时间继电器 KM1、KM2、KT 线圈同时得电，KM1、KM2 主触点接入自耦变压器，电动机进行降压启动，KM1(3-4)辅助常开触点闭合自锁，同时时间继电器 KT 开始延时工作。当电动机转速接近额定转速时，KT 动作，KT(3-6)常开触点闭合，中间继电器 K 线圈得电并自锁，K(4-5)常闭触点断开，使 KM1、KM2、KT 线圈均失电，将自耦变压器切除，K(3-6)常开触点闭合自锁，K(3-7)常开触点闭合使 KM3 线圈得电，KM3 主触点闭合，电动机进入全压运行。

自耦变压器降压启动方法适用于电动机容量较大，且正常工作时接成星形或三角形的电动机。它的优点是启动转矩可以通过改变自耦变压器抽头的位置而改变，缺点是自耦变压器价格较高，而且不允许频繁启动。

3）电动机制动

电动机断电后，由于惯性作用，停车时间较长。某些生产工艺要求电动机能迅速而准确地停车,这就要求对电动机进行强迫制动。

制动停车的方式有机械制动和电气制动两种。机械制动就是采用机械抱闸使电动机快速停转;电气制动就是产生一个与原转动方向相反的制动转矩迫使电动机迅速停转。电气制动可采用反接制动和能耗制动。

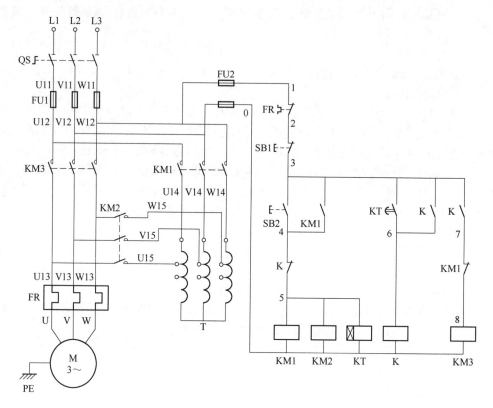

图 2-35　自耦变压器降压启动控制电路

（1）反接制动

反接制动是通过改变定子绕组中的电源相序,使电动机定子绕组旋转磁场反转,从而产生一个与转子惯性转动方向相反的电磁转矩,使电动机转速迅速下降,实现快速制动。反接制动时,电动机定子绕组电流很大,相当于直接启动时的两倍,为了限制制动电流,通常在定子电路中串入反接制动电阻。但在制动到转速接近零时,应迅速切断电动机电源,以防电动机反向再启动。通常采用速度继电器来检测电动机的转速,并控制电动机反向电源的断开。

反接制动的优点是制动转矩大、制动迅速,缺点是能量损耗大、制动时冲击大、制动准确度差。反接制动适用于生产机械的迅速停车与迅速反向。

如图 2-36 所示,三相异步电动机反接制动涉及的低压电器元件有组合开关、熔断器、按钮、交流接触器、热继电器、速度继电器等。

它们的作用如下:

①组合开关 QS:用作电源隔离开关。

②熔断器 FU1、FU2:分别用作主电路、控制电路的短路保护。

③按钮 SB1:停止按钮;SB2:启动按钮。

④接触器 KM1 的主触点:控制电动机 M 启动运行;接触器 KM2 的主触点:控制电动机

M 的反接制动;接触器 KM1、KM2 的常开辅助触点:用于运行和制动时的自锁;接触器 KM1、KM2 的常闭辅助触点:用于接触器 KM1、KM2 的互锁。

⑤热继电器 FR:对电动机进行过载保护。

⑥速度继电器 KS:用于电动机制动过程的控制。

⑦电阻 R:用于限制电动机 M 的反接制动电流。

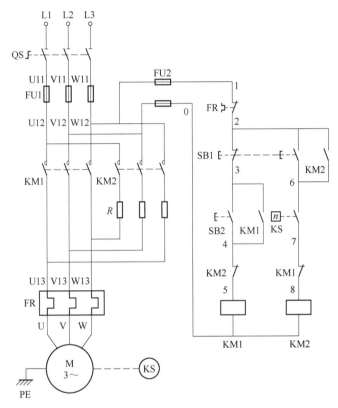

图 2-36　三相异步电动机反接制动控制电路

工作原理分析如下:

当按下启动按钮 SB2 时,接触器 KM1 线圈得电,KM1 的主触点闭合,电动机全压启动,同时 KM1(3-4)常开辅助触点闭合自锁。当电动机转速上升到一定值时(一般为 120 r/min),速度继电器 KS 动作,其常开触点 KS(6-7)闭合,为反接制动做好准备。当按下停止按钮 SB1 时,SB1(3-4)常闭触点断开,接触器 KM1 线圈失电,电动机电源被切断,由于电动机速度还较高,速度继电器的常开触点 KS(6-7)仍闭合。此时停止按钮 SB1(3-6)常开触点接通,接触器 KM2 线圈得电,KM2 的主触点闭合,接通反向电源,电动机串入电阻进行反接制动,电动机的转速迅速下降,当电动机的转速下降到小于 100 r/min 时,速度继电器 KS 的常开触点 KS(6-7)断开复位,接触器 KM2 线圈失电,反接制动结束。

(2)能耗制动

能耗制动是在切除三相交流电源之后,定子绕组通入直流电流,在定子、转子之间的气隙中产生静止磁场,惯性转动的转子导体切割该磁场,形成感应电流,产生与惯性转动方向相反的电磁力矩而使电动机迅速停转,并在制动结束后将直流电源切除。

能耗制动的制动转矩大小与通入的直流电流的大小及电动机的转速有关,同样转速下,电流越大,制动作用越强。一般接入的直流电流为电动机空载电流的 3~5 倍,过大会烧毁电动机的定子绕组。电路采用在直流电源回路中串联可调电阻的方法,调节制动电流的大小。

能耗制动时制动转矩随电动机的惯性转速下降而减小,因而制动平稳。这种制动方法将转子惯性转动的机械能转换成电能,又消耗在转子的制动上,所以称为能耗制动。能耗制动没有反接制动强烈,制动平稳,制动电流比反接制动小得多,所消耗的能量小,通常适用于电动机容量较大,启动、制动操作频繁的场合。

如图 2-37 所示,三相异步电动机能耗制动涉及的低压电器元件有组合开关、熔断器、按钮、交流接触器、热继电器、时间继电器、控制变压器、整流桥、可调电阻等。

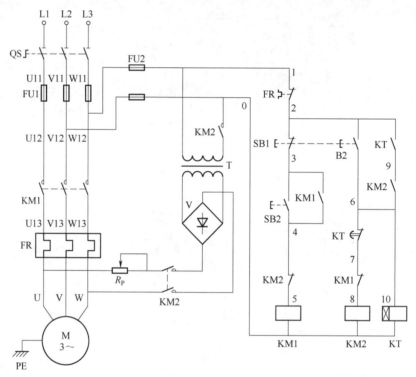

图 2-37　三相异步电动机能耗制动控制电路

它们的作用如下:

①组合开关 QS:用作电源隔离开关。

②熔断器 FU1、FU2:分别用作主电路、控制电路的短路保护。

③按钮 SB1:停止按钮;SB2:启动按钮。

④接触器 KM1 的主触点:控制电动机 M 的启动运行。接触器 KM2 的主触点:控制电动机 M 的能耗制动。接触器 KM1、KM2 的常开辅助触点:用于运行和制动时的自锁。接触器 KM1、KM2 的常闭辅助触点:用于接触器 KM1、KM2 的互锁。

⑤热继电器 FR:对电动机进行过载保护。

⑥时间继电器 KT:用于控制电动机制动的时间;KT(2-9)常开触点:用于双重自锁。

⑦控制变压器 T:改变电源电压,为制动提供合适的电压。

⑧整流桥 V:将变压器的交流电整流为直流电。

⑨电阻 R_P:用于进一步调整制动电流的大小。

工作原理分析如下:

合上组合开关 QS,按下启动按钮 SB2,接触器 KM1 线圈得电并自锁,电动机全压启动运行。停止时，按下停止按钮 SB1，其按钮 SB1(2－3)常闭触点断开使 KM1 线圈失电，切断电动机电源，SB1(2－6)常开触点闭合，KM2、KT 线圈得电并自锁，KM2 主触点闭合，给电动机两相定子绕组通入直流电流，进行能耗制动。当达到 KT 整定值时，其 KT(6－7)延时触点断开，使 KM2 线圈失电释放，切断直流电源，能耗制动结束。

控制电路中时间继电器 KT 的整定值即为制动过程的时间。KM1 和 KM2 的常闭触点进行互锁，目的是将交流电和直流电隔离，防止同时得电。

任务实现

1. 电动机星－三角启动控制电路安装接线

电动机星－三角启动控制电路安装接线图如图 2－38 所示，粗线为主电路，细线为控制电路。安装接线时应做到：

①仔细观察所使用的元器件，熟悉它们的动作原理。

②按图 2－38 所示接线图接线。

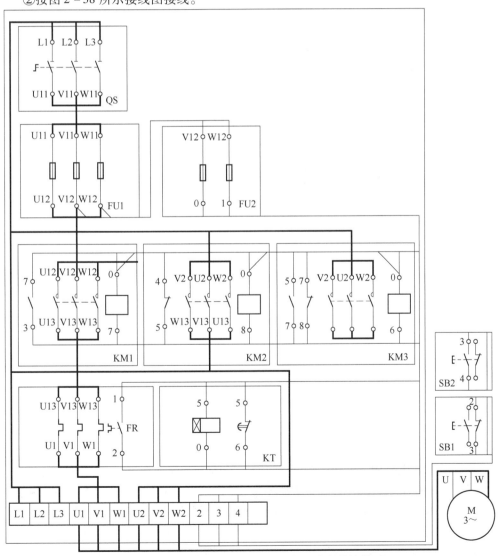

图 2－38 电动机星－三角启动控制电路安装接线图

③质量检查：

对照原理图 2 – 27 检查主电路。

万用表打在 Ω 挡，两表笔搭在 FU2 两端，按下 SB2，指针偏转，松开 SB2，若指针不偏转，则说明电路断路，应查出并排除故障。

按下 KM1，指针偏转。若指针不偏转，则说明自锁功能不正常，应检查与自锁功能相关的电路。

④经指导教师检查合格后进行通电操作。

2. 电气故障检查

电气故障检查首先进行外观检查，如是否有线圈烧毁、端子接头脱落等。如果外观无问题，再进一步用万用表检查电路，有电压检查法和电阻检查法。

故障现象 1：丫启动过程正常，但丫 – △变换后电动机发出异常声音转速也急剧下降。

故障可能原因：丫换△时相序接反，造成反接制动，产生强烈的制动。核查主回路 KM2 接触器及电动机接线端子的接线顺序。故障范围如图 2 – 39 所示。

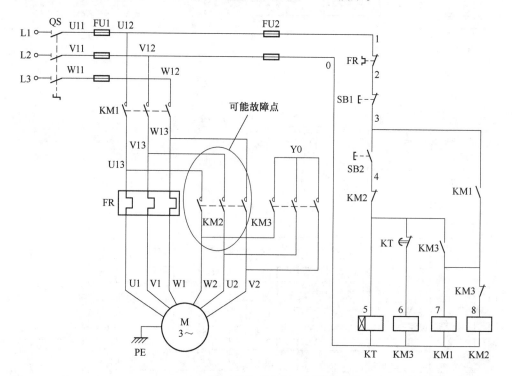

图 2 – 39 星 – 三角启动变换异常故障范围

故障现象 2：线路空操作时工作正常，接上电动机试车时，一启动电动机，电动机就发出异常声音，转子左右颤动，立即按 SB1 停止，停止时 KM2 和 KM3 的灭弧罩内有强烈的电弧现象。

故障可能原因：缺相。电动机在丫启动时有一相绕组未接入电路，电动机单相启动。由于缺相绕组不能形成旋转磁场，使电动机转轴的转向不定而左右颤动。检查接触器触点闭合是否良好，接触器及电动机端子的接线是否紧固。故障范围如图 2 – 40 所示。

故障现象 3：按下启动按钮 SB2，电动机不能启动，所有电器元件均不动作。

故障可能原因：FU1 或 FU2 有熔断，FR(1 – 2)、SB1(2 – 3)、SB2(3 – 4)、KM2(4 – 5)接

触不良可造成电动机不能启动。故障范围如图 2 - 41 所示。

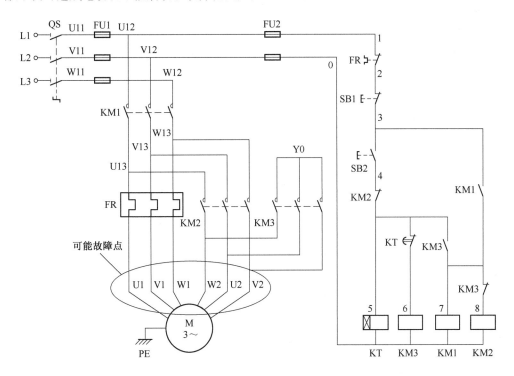

图 2 - 40　星 - 三角启动缺相故障范围

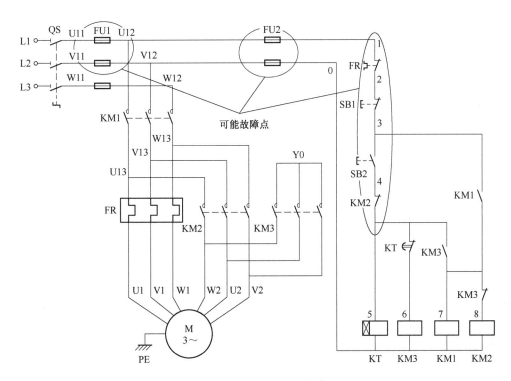

图 2 - 41　电动机不能启动故障范围

故障现象 4：按下启动按钮 SB2，时间继电器有动作，但电动机不能启动。

故障可能原因：KT(5－6)接触不良或 KM3 线圈烧毁。故障范围如图 2－42 所示。

故障现象 5：按下启动按钮 SB2，接触器 KM3 有动作，但电动机不能启动。

故障可能原因：KM3(5－7)接触不良或 KM1 线圈烧毁。故障范围如图 2－43 所示。

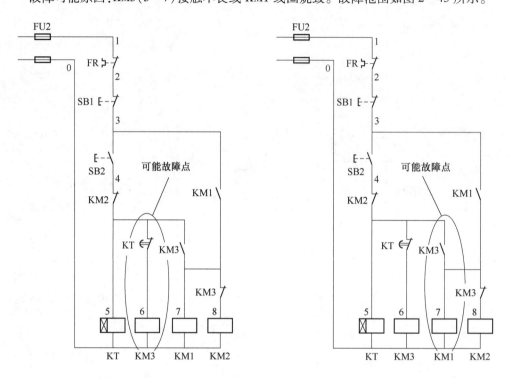

图 2－42　时间继电器动作电动机　　　　　图 2－43　KM3 动作电动机
　　　不能启动故障范围　　　　　　　　　　　不能启动故障范围

故障现象 6：按下启动按钮 SB2，能 Y 启动，但不能实现 Y－△变换，电动机只 Y 运转。

故障可能原因：KT 线圈烧毁或断线，KT 不能动作，KM3 线圈断不开，所以不能实现 Y－△变换。故障范围如图 2－44 所示。

故障现象 7：按下启动按钮 SB2，电动机启动，时间继电器延时时间到，电动机停止，不能实现 Y－△变换。

故障可能原因：KM3(7－8)触点接触不良或 KM2 线圈烧毁或断线。故障范围如图 2－45 所示。

故障现象 8：空操作时，按下启动按钮 SB2，KM3 不能吸合，时间继电器定时到，电动机能 Y 启动，但却不能实现 Y－△变换。

故障可能原因：按下启动按钮 SB2，KM3 没有立刻动作，时间继电器定时到立刻动作，说明问题出现在时间继电器的触点上。检查时间继电器的接线，应是时间继电器的常闭触点接到常开触点上了，将线路改接到时间继电器的常闭触点上，故障排除。故障范围如图 2－46 所示。

故障现象 9：按下启动按钮 SB2，电动机启动，松开按钮，电动机停止启动。

故障可能原因：KM1(3－7)触点接触不良。故障范围如图 2－47 所示。

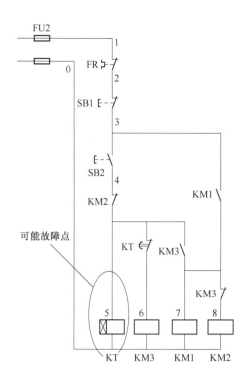

图 2 - 44　不能实现 Y - △ 变换故障范围

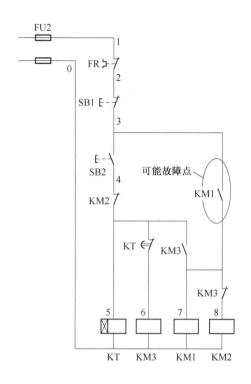

图 2 - 45　不能实现 Y - △ 变换故障范围

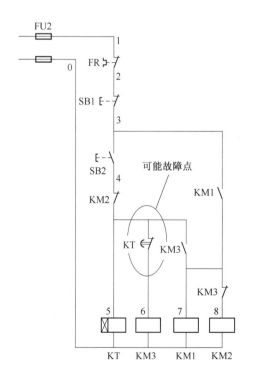

图 2 - 46　不能实现 Y - △ 变换故障范围

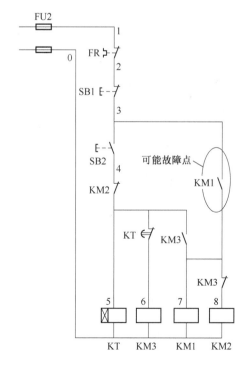

图 2 - 47　不能自锁故障范围

习　题　二

1. 填空题

(1)自锁控制具有(　　)与(　　)保护功能。

(2)常用的电气控制系统图有三种,即(　　)、(　　)和(　　)。

(3)正反转控制中将接触器 KM1 与 KM2 常闭触点分别串联在对方线圈电路中,防止主电路发生两相电源短路事故,形成相互制约的控制,称为(　　)或(　　)控制。

(4)制动停车的方式有(　　)和(　　)两种。

(5)电气制动可采用(　　)和(　　)。

(6)三相异步电动机启动电流大,约为额定电流的(　　)。

(7)能耗制动是在切除三相交流电源之后,定子绕组通入(　　)电流。

(8)反接制动时电动机定子绕组电流很大,为了限制制动电流,通常在定子电路中串入反接制动(　　)。

2. 选择题

(1)(　　)用来表示电路中各电器元件的导电部件的连接关系和工作原理。

　　a. 电气原理图　　　　　　b. 电器布置图　　　　　　c. 安装接线图

(2)按下启动按钮电动机转动,松开按钮电动机停转,这样的控制称为(　　)。

　　a. 自锁控制　　　　　　b. 互锁控制　　　　　　c. 点动控制

(3)工作台控制中 SQ3、SQ4 限位行程开关的作用是(　　)。

　　a. 改变电动机运行方向　　b. 防止工作台超出行程　　c. 装饰作用

(4)能耗制动是在切除三相交流电源之后,定子绕组通入(　　)。

　　a. 单相交流电　　　　　　b. 三相交流电　　　　　　c. 直流电

(5)三相异步电动机反接制动的优点是(　　)。

　　a. 制动平稳　　　　　　b. 定位准确　　　　　　c. 制动迅速

(6)三相笼形电动机采用星 – 三角降压启动,用于正常工作时(　　)接法的电动机。

　　a. 三角形　　　　　　b. 星形　　　　　　c. 两个都行

(7)欲使接触器 KM1 动作后接触器 KM2 才能动作,需要(　　)。

　　a. 在 KM1 的线圈回路中串入 KM2 的常开触点

　　b. 在 KM1 的线圈回路中串入 KM2 的常闭触点

　　c. 在 KM2 的线圈回路中串入 KM1 的常开触点

(8)在机床电气控制电路中采用两地分别控制方式,其控制按钮连接的规律是(　　)。

　　a. 启动按钮串联,停止按钮并联

　　b. 启动按钮并联,停止按钮串联

　　c. 不能确定

(9)欲使接触器 KM1 和接触器 KM2 实现互锁控制,需要(　　)。

　　a. 在 KM1 的线圈回路中串入 KM2 的常开触点

　　b. 在两接触器的线圈回路中互相串入对方的常开触点

　　c. 在两接触器的线圈回路中互相串入对方的常闭触点

(10)电气原理图中(　　)。

　　a. 不反映元件的大小　　b. 反映元件的大小　　c. 反映元件的实际位置

(11)反接制动在转速接近零时,应迅速切断电动机电源,以防电动机反向再启动。通常采用(　　)来检测电动机的转速。

　　　a. 时间继电器　　　　　　b. 中间继电器　　　　　c. 速度继电器

(12)丫－△启动控制中,丫启动过程正常,但丫－△变换后电动机发出异常声音,转速也急剧下降。故障可能原因是(　　)。

　　　a. 丫换△时相序接反　　　b. 丫换△时缺相　　　　c. 未加限流电阻

(13)某风机控制,按下启动按钮风机转动,松开按钮风机停止,此种故障现象称为(　　)。

　　　a. 不能互锁　　　　　　　b. 不能自锁　　　　　　c. 不能点动

(14)电动机启动时电动机不转,伴有"嗡嗡"声。故障可能原因是(　　)。

　　　a. 电源未送电　　　　　　b. 电动机未润滑　　　　c. 电动机缺相

(15)可以不加过载保护的控制电路是(　　)。

　　　a. 互锁电路　　　　　　　b. 自锁电路　　　　　　c. 点动电路

3. 判断题

(1)电器元件布置图主要是用来表明电气设备上所有电器元件的实际位置的。(　　)

(2)布线时不得压绝缘层,不得露铜过长。(　　)

(3)丫－△启动时,定子绕组先接成△,待转速上升到接近额定转速时,再将定子绕组换接成丫,电动机便进入全压正常运行。(　　)

(4)反接制动是通过改变定子绕组中的电源相序实现的。(　　)

(5)能耗制动的缺点是能量损耗大、制动时冲击大、制动准确度差。(　　)

(6)电动机采用制动措施的目的是为了停车平稳。(　　)

(7)在点动电路、可逆旋转电路等电路中主电路一定要接热继电器。(　　)

(8)电动机互锁控制是为防止主电路发生两相电源短路事故。(　　)

4. 简答题

(1)什么是自锁控制?试分析判断图2－48所示的各控制电路能否实现自锁控制?若不能,试说明原因。

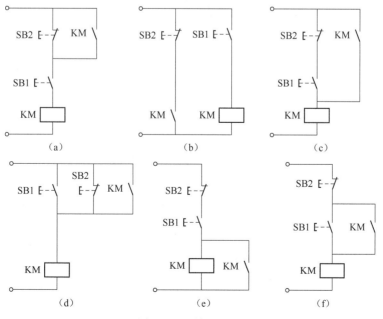

图2－48　题4(1)图

（2）一小车由笼形异步电动机拖动，直接启动，其动作过程如下：小车由原位开始前进，到终端后自动停止；在终端停留20 s后自动返回原位停止；要求能在前进或后退途中任意位置都能停止或启动。试设计主电路和控制电路，有过载和短路保护。

（3）图2-49所示为运料小车运动示意图。当小车处于后端时，按下启动按钮，小车向前运行，压下前限位开关，接通漏斗翻门电磁阀 YV1，漏斗打开装料。7 s后完成装料，翻斗门关上，小车向后运行。到后端，压下后限位开关，接通小车底门电磁阀 YV2，打开小车底门卸料，5 s后完成卸料，然后底门关上，完成一次动作。每按一次启动按钮完成一次动作，应有停止按钮，且正反向均可启动。要求设计主电路和控制电路，有短路和过载保护。

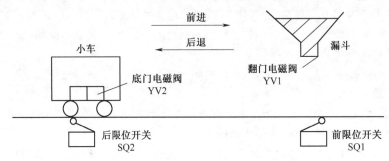

图2-49　题4(3)图

（4）图2-50所示为两组带机组成的原料运输控制系统。该系统的启动顺序为：盛料斗 D 中无料，先启动带机C，然后启动带机 B，最后再打开电磁阀 YV 放料，该系统停机的顺序恰好与启动顺序相反，采取手动控制。要求设计主电路和控制电路，有短路和过载保护。

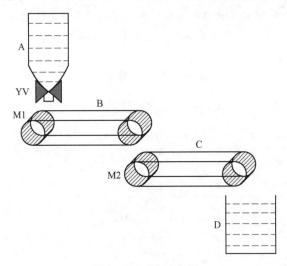

图2-50　题4(4)图

项目三 典型机床电气控制电路运行维护

学习目标

1. 了解典型通用机床设备结构及运动形式。

2. 分析典型通用机床设备的电气控制电路工作原理；会根据机床故障现象查找电气故障并排除。

任务一　C650-2 车床电气控制电路运行维护

📝 任务描述

车床是机械加工企业广泛使用的一种设备，可以用来加工各种回转表面、螺纹和端面。车床主轴由一台主电动机拖动，并经机械传动链，实现对工件切削主运动和刀具进给运动的联动输出，其运动速度可通过手柄操作变速齿轮箱进行切换。刀具的快速移动以及冷却系统和液压系统的拖动，则采用单独电动机驱动。

通过本任务学习，掌握检查、分析、排除车床电气故障的方法。

⏳ 知识准备

1. C650-2 车床结构及运动形式

C650-2 车床属于中型车床，可加工的最大工件回转直径为 1 020 mm，最大工件长度为 3 000 mm，其结构形式如图 3-1 所示。

车床电气控制

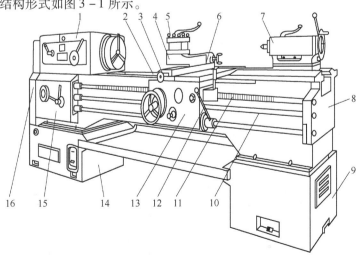

图 3-1　C650-2 车床结构形式

1—主轴箱；2—纵溜板；3—横溜板；4—转盘；5—方刀架；6—小溜板；7—尾架；

8—床身；9—右床座；10—光杠；11—丝杠；12—操纵手柄；13—溜板箱；14—左床座；15—进给箱；16—挂轮箱

安装在床身上的主轴箱中的主轴转动,带动装夹在其端头的工件转动,刀具安装在刀架上,与滑板一起随溜板箱沿主轴轴线方向实现进给移动,主轴的转动和溜板箱的移动均由主电动机驱动。由于加工的工件比较大,加工时其转动惯量也比较大,停车时不易停止转动,必须有停车制动的功能,所以采取电气制动。在加工的过程中,还须提供切削液,并且为减轻工人的劳动强度和节省辅助工作时间,要求带动刀架的溜板箱能够快速移动。

2. C650 - 2 车床电力拖动及控制要求

①主电动机 M1(功率为 30 kW),完成主轴主运动和刀具进给运动的驱动,电动机采用直接启动的方式启动,可正反两个方向旋转,并可进行两个方向的电气制动。为加工调整方便,还具有点动功能。

②电动机 M2 拖动冷却泵,在加工时提供切削液,采用直接启停方式,并且为连续工作状态。

③快速移动电动机 M3 可根据使用需要,随时手动控制启停。

3. 电路分析

1)主电路分析

主电路包括四部分:主轴电动机驱动电路、冷却泵电动机驱动电路、快速电动机驱动电路及控制电源供电电路。为保证主电路的正常运行,主电路中设置了熔断器、热继电器对电动机进行短路保护和过载保护。由于快速电动机为短时工作制,所以没有过载保护。由于冷却泵电动机、快速电动机电路和控制电源供电电路简单,这里不做分析,由读者根据前述知识自行分析。这里只分析主轴电动机主电路,如图 3 - 2 所示。

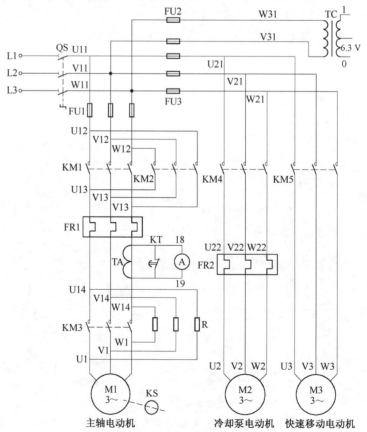

图 3 - 2   C650 - 2 车床主电路

（1）主轴正反转控制电路

正转控制交流接触器 KM1 和反转控制交流接触器 KM2 的两组主触点构成电动机的正反转接线，与接触器 KM3 主触点配合实现主轴电动机的点动、正反向直接启动、正反向反接制动等控制。点动工作时需串入限流电阻 R，防止连续的点动启动电流造成电动机过载。点动运行电流通路如图 3 - 3 所示，此时电流表被 KT（18 - 19）常闭触点短接，不显示电流。正转启动电流通路如图 3 - 4 所示，正转运行电流通路如图 3 - 5 所示。启动时电流表被 KT（18 - 19）常闭触点短接掉，不显示电流。启动结束后电流表投入工作。（图中粗线均为电路工作时的电流通路，下同。）

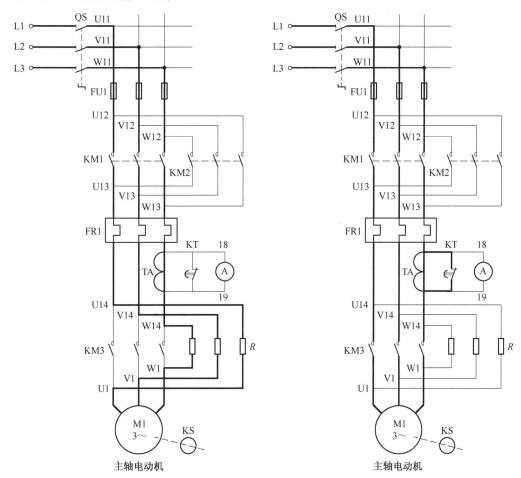

图 3 - 3　点动运行电流通路　　　　　图 3 - 4　正转启动电流通路

（2）制动控制电路

制动控制电路包括接触器 KM3 主触点、限流电阻 R 和速度继电器 KS。启动时，KM3 主触点闭合，短接限流电阻 R。制动时，KM3 主触点打开，串入限流电阻 R 来限制反接制动过大的电流，保证电路设备正常工作。与电动机主轴同轴相连的速度继电器 KS 用于电动机的速度检测，当主轴电动机转速接近零时，其常开触点可将控制电路中反接制动相应电路切断，防止电动机反向启动，实现自动停车。正转运行制动电路电流通路，如图 3 - 6 所示。

（3）主轴电动机电流监视电路

主轴电路串入一电流表 A 用以监视电动机绕组工作时的电流变化。电动机绕组电流的大小直接反映着电动机的负载。由于主电路电流较大,电流表不能直接接入主电路,所以经电流互感器 TA 变换后接入。电动机启动电流是额定电流的 6～7 倍,启动电流大,为防止电流表被启动电流冲击损坏,利用时间继电器的常闭触点,在启动的短时间内将电流表暂时短接以保护电流表;电动机启动结束后,时间继电器常闭触点打开,电流表投入正常运行。

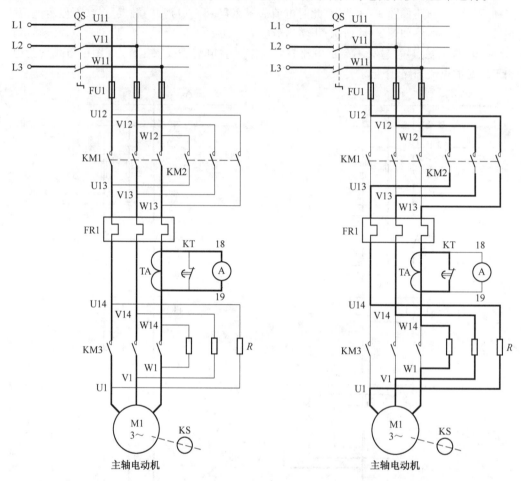

图 3 - 5　正转运行电流通路　　　　　图 3 - 6　正转运行制动电流通路

2)控制电路分析

控制电路由控制变压器 TC 供电,前后级由 FU2 和 FU4 作为短路保护。控制电路包括指示灯电路、主轴控制电路、冷却泵控制电路和快速电动机控制电路,如图 3 - 7 所示。由于指示灯电路、冷却泵控制电路、快速电动机控制电路原理简单,读者可根据前面的知识自行分析。这里只分析主轴控制电路,主轴控制电路包括点动、正向启动、反向启动、正转制动、反转制动等控制电路。下面对主轴各部分控制电路逐一进行分析。

(1)主轴点动控制

如图 3 - 8 所示,粗线部分为点动启动电流通路。SB2 为主轴电动机点动控制按钮,按下点动按钮 SB2,直接接通 KM1 的线圈电路,电动机 M1 正向直接启动,这时 KM3 线圈电路并没接通,因此其主触点不闭合,限流电阻 R 接入主电路限流,其常开辅助触点不闭合,KA 线圈不能得电工作,从而使 KM1 线圈不能持续得电,松开按钮,M1 停转,实现了主轴电动机串联电阻限流的点动控制。

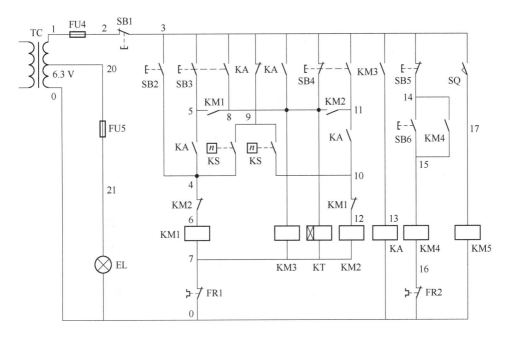

图 3 - 7　C650 - 2 车床控制电路

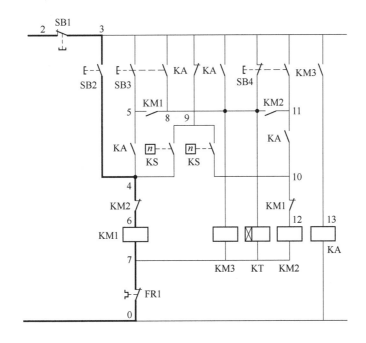

图 3 - 8　点动控制电路

（2）主轴正转启动控制

如图 3 - 9 中粗线所示，按下 SB3 按钮，其 SB3（3 - 8）常开触点接通，接触器 KM3、时间继电器 KT 线圈得电。KM3 主触点闭合，短接主电路中限流电阻，为主轴电动机直接启动做准备。KT 延时工作，延时时间到，其主电路中常闭触点断开，电流表接入电路正常工作。KM3（3 - 13）常开触点闭合，中间继电器 KA 线圈得电，如图 3 - 10 所示。

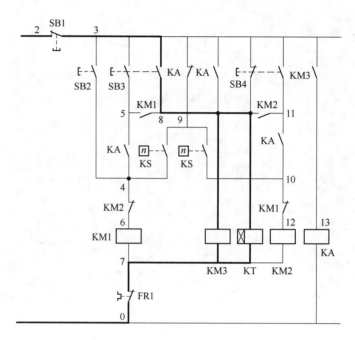

图 3-9 主轴正转启动控制电路(1)

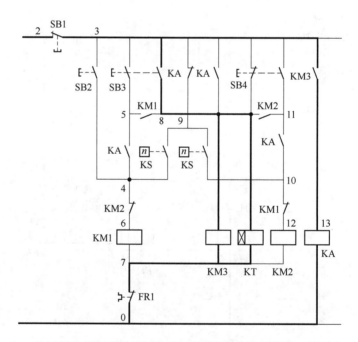

图 3-10 主轴正转启动控制电路(2)

KA 得电,KA(4-5)常开触点闭合,接触器 KM1 线圈得电。KA(3-9)常闭触点断开,为电动机反接制动做准备。KA(3-8)常开触点闭合,为 KM1 自锁做准备,如图 3-11 所示。

KM1 线圈得电,主触点闭合接通主电路,主轴电动机直接启动。KM1(5-8)闭合,接触器 KM1 自锁。电动机转速超过 120 r/min 时,其常开触点 KS(9-10)闭合,为电动机反接制动做准备,如图 3-12 所示。

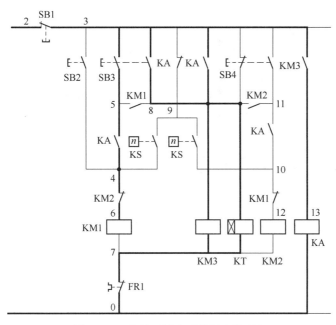

图 3 – 11 主轴正转启动控制电路(3)

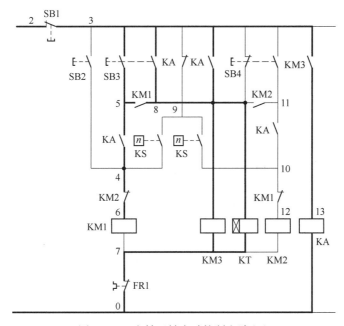

图 3 – 12 主轴正转启动控制电路(4)

松开 SB3 按钮,主轴正转启动完毕,正转运行电路如图 3 – 13 所示。

(3)主轴正转运行反接制动控制电路

按下停止按钮 SB1、KM1、KM3、KT、KA 线圈均失电,如图 3 – 14 所示。

KA 线圈失电,常闭触点 KA(3 – 9)闭合。由于电动机惯性旋转,速度继电器 KS(9 – 10)常开触点继续闭合。松开停止按钮 SB1,接触器 KM2 线圈得电,其主触点闭合,接通主轴电动机反转主电路,由于 KM3 失电,其主触点断开,此时进行串入限流电阻的反接制动,如图 3 – 15 所示。

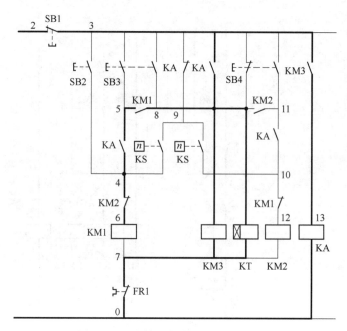

图 3-13　主轴正转启动控制电路(5)

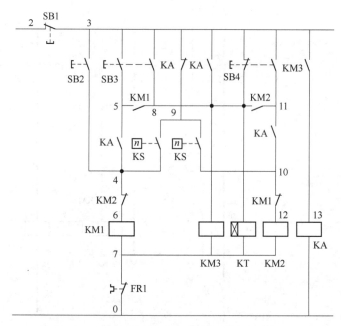

图 3-14　主轴正转运行反接制动控制电路(1)

　　电动机在反接制动情况下,转速迅速降低,当电动机转速低于 100 r/min 时,速度继电器常开触点 KS(9-10)断开,接触器 KM2 线圈失电,制动完毕。

　　按下 SB4 按钮,主轴电动机反转启动。反转启动、制动与正转启动、制动分析方法类似,此处不再赘述,请读者自行分析。

　　4. 车床的一般检查和分析方法

　　1)修理前的调查研究

　　①问。询问车床操作人员故障发生前后的情况如何,有利于根据电气设备的工作原理

来判断发生故障的部位,分析出故障的原因。

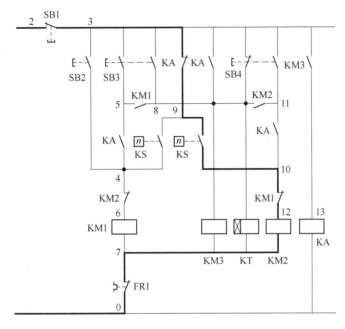

图 3 – 15 主轴正转运行反接制动控制电路(2)

②看。观察熔断器内的熔体是否熔断,其他电器元件有无烧毁、发热、断线,导线连接螺钉是否松动,触点是否氧化、积尘等。要特别注意高电压、大电流的地方,活动机会多的部位,容易受潮的接插件等。

③听。电动机、变压器、接触器等正常运行时的声音和发生故障时的声音是有区别的,听声音是否正常,可以帮助寻找故障的范围、部位。

④摸。电动机、电磁线圈、变压器等发生故障时,温度会显著上升,因此可在切断电源后用手去触摸,判断元件是否正常。

注意:不论电路通电还是断电,要特别注意不能用手直接去触摸金属触点,必须借助仪表来测量。

2)从车床电气原理图进行分析

首先熟悉车床的电气控制电路,结合故障现象,对电路工作原理进行分析,便可以迅速判断出故障发生的可能范围。

3)检查方法

根据故障现象分析,先弄清属于主电路的故障还是控制电路的故障,属于电动机的故障还是控制设备的故障。当故障确认以后,应该进一步检查电动机或控制设备。必要时可采用替代法,即用好的电动机或用电设备来替代。若属于控制电路的故障,应该先进行一般的外观检查,检查控制电路的相关电器元件,如接触器、继电器、熔断器等有无硬裂、烧痕、接线脱落、熔体是否熔断等。同时用万用表检查线圈有无断线、烧毁,触点是否熔焊。

外观检查找不到故障时,将电动机从电路中卸下,对控制电路逐步检查。可以进行通电吸合试验,观察机床各电器元件是否按要求顺序动作。发现哪部分动作有问题,就在那部分找故障点,逐步缩小故障范围,直到全部故障排除为止,决不能留下隐患。

有些电器元件的动作是由机械配合或靠液压推动的,应会同机修人员进行检查。

4)检修车床电气故障时应注意的问题

①检修前应将车床清理干净。

②将车床电源断开。

③电动机不能转动,要从电动机是否通电,控制电动机的接触器是否吸合入手,决不能立即拆修电动机。通电检查时,一定要先排除短路故障,在确认无短路故障后方可通电,否则,可能会造成更大的事故。

④当需要更换熔断器的熔体时,必须选择与原熔体型号相同的熔体,不得随意更改,以免造成意外事故或留下更大的隐患。因为熔体熔断,说明电路存在较大的冲击电流,如短路、严重过载、电压波动很大等。

⑤若热继电器烧毁,也要求先查明过载原因,修复后一定要按技术要求重新整定保护值,并进行可靠性试验,以避免发生失控。

⑥用万用表电阻挡测量触点、导线通断时,量程置于"×1 Ω"挡。

⑦如果要用绝缘电阻表检测电路的绝缘电阻,应将被测支路与其他支路断开,避免影响测量结果。

⑧在拆卸元件及端子连线时,特别是对不熟悉的车床,一定要仔细观察,厘清控制电路,千万不能蛮干。要及时做好记录、标号,避免在安装时发生错误,方便复原。螺钉、垫片等放在盒子里,拆下的线要做好绝缘包扎,以免造成人为事故。

⑨试车前先检查电路是否存在短路现象。在电路正常的情况下进行试车时,应当注意人身及设备安全。

⑩车床故障排除后,一切要恢复原样。

任务实现

C650 - 2 车床电气控制电路常见故障及排查。

电路故障排查步骤(前提是读懂电路):根据故障现象→确定故障范围(在图样上)→排查故障(用万用表)。

故障现象 1:主轴电动机正反转均不工作,伴有"嗡嗡"声,其他电动机运行正常。

故障可能原因:主轴电动机缺相,其他电动机运行正常,说明电源电路正常。应是 FU1 熔断器熔断一相,或电动机 M1 一相损毁等。如果是某一方向缺相,一定是接触器 KM1 或 KM2 的某一主触点接触不良。故障范围如图 3 - 16 所示。

故障现象 2:所有控制回路失效。

故障可能原因:FU2 熔断器烧毁或变压器损坏。故障范围如图 3 - 17 所示。

故障现象 3:电动机工作,电流表无显示。

故障可能原因:电流互感器损坏,时间继电器故障常闭触点断不开,电流表损坏。故障范围如图 3 - 18 所示。

故障现象 4:有指示灯但控制回路不工作。

故障可能原因:FU4 熔断器熔断,SB1(2 - 3)

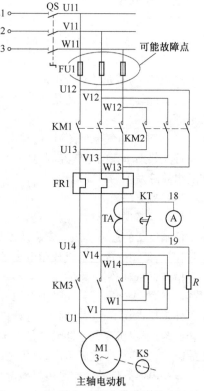

图 3 - 16 主轴电动机不能启动故障范围

接触不良,切断后面控制电路电源。故障范围如图 3 - 19 所示。

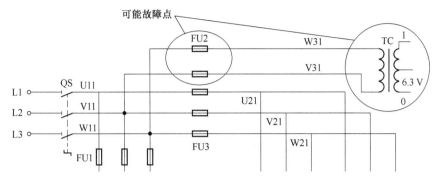

图 3 - 17 所有控制回路失效故障范围

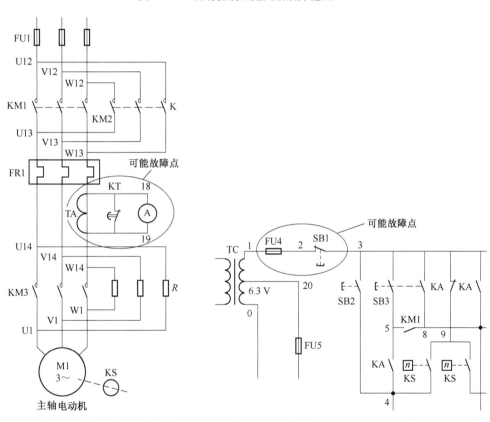

图 3 - 18 电流表无显示故障范围　　　图 3 - 19 有指示灯但控制回路不工作故障范围

故障现象 5:接通 QS 主轴电动机即正向启动,无须按 SB2、SB3。

故障可能原因:按钮 SB2 常开触点粘连短路,接通正转接触器 KM1,所以 QS 送电即运行。SB3 需两复合点同时粘连,电动机才能启动,可能性极小,一般不考虑。故障范围如图 3 - 20 所示。

故障现象 6:主轴电动机不能点动及正转,且反转时无反接制动。

故障可能原因:KM2(4 - 6)常闭触点接触不良;KM1 线圈开路;相关连线脱落或断路。因为点动、正转及反转时反接制动等工作都必须经过线路(4 - 7)之间。FR1(7 - 0)无故障,若此点有故障,电动机不能反向启动。故障现象中未提反向工作,说明反向是正常的。故障范围如图 3 – 21 所示。

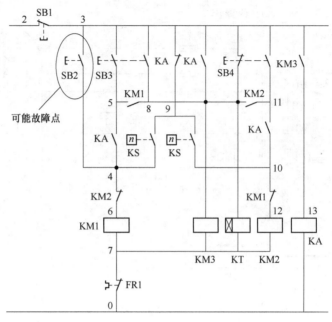

图 3 – 20   接通 QS 主轴电动机即正向启动故障范围

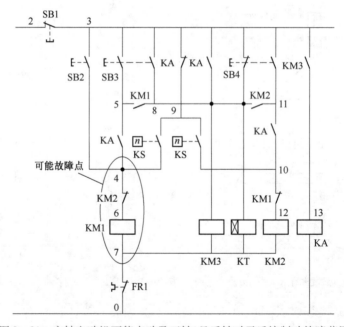

图 3 – 21   主轴电动机不能点动及正转,且反转时无反接制动故障范围

故障现象 7:主轴电动机正向不能自锁。

故障可能原因:KM1 辅助触点损坏或自锁电路断路。电动机正向需经点 KM1(5 – 8)和 KA(3 – 8)才能自锁,电动机反向能自锁,说明 KA(3 – 8)点正常,所以应是 KM1(5 – 8)点的故障。故障范围如图 3 – 22 所示。

故障现象 8:主轴电动机正反转均不能自锁。

故障可能原因:3、8 号线中有脱落或断路;KA(3 – 8)常开触点接触不良。正反向自锁都经过点 KA(3－8)、KM1(5－8)和 KM2(8－11),同时有故障概率极低,不予考虑,所以,一定是公共部分 KA(3－8)有故障。排查故障时一定要注意引起各个故障现象的公共部分,一般是故障原因。故障范围如图 3－23 所示。

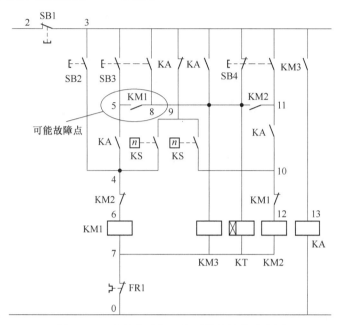

图 3－22　主轴电动机正向不能自锁故障范围

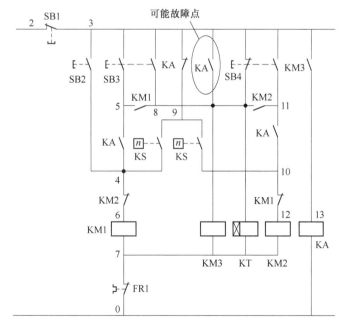

图 3－23　主轴电动机正反转均不能自锁故障范围

故障现象 9:主轴电动机点动、正转不能制动。

故障可能原因:速度继电器 KS(9－10)触点接触不良。故障范围如图 3－24 所示。

故障现象 10:主轴电动机点动、正转、反转均无制动。

故障可能原因:中间继电器 KA(3－9)常闭触点接触不良,速度继电器损坏,或主轴电动机相序接反。故障范围如图 3 – 25 所示。

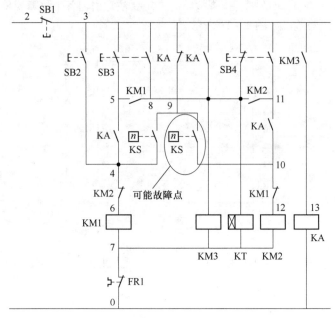

图 3 – 24   主轴电动机点动、正转不能制动故障范围

故障现象 11：冷却泵电动机不能启动。

故障可能原因：启动回路不通。SB5、FR2 触点接触不良，KM4 线圈断线或烧毁。如果以上故障都不是，一定是启动按钮 SB6（14 – 15）点损坏，不能闭合。故障范围如图 3 – 26 所示。

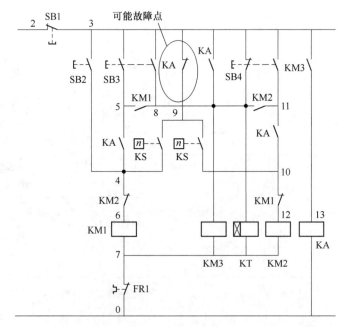

图 3 – 25   主轴电动机点动、正转、反转均无制动故障范围

故障现象 12：冷却泵电动机不能自锁。

故障可能原因：KM4（14 – 15）触点接触不良。故障范围如图 3 – 27 所示。

故障现象13：刀架快移操作失效。

故障可能原因：行程开关 SQ 损坏或 KM5 线圈断路。故障范围如图 3-28 所示。

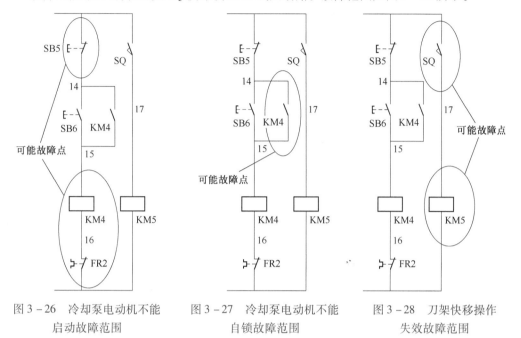

图 3-26　冷却泵电动机不能
　　　　启动故障范围

图 3-27　冷却泵电动机不能
　　　　自锁故障范围

图 3-28　刀架快移操作
　　　　失效故障范围

任务二　Z3040B 摇臂钻床电气控制电路运行维护

任务描述

钻床是一种用途广泛的万能机床，从机床的结构形式来分，有立式钻床、卧式钻床、深孔钻床及多头钻床等；而立式钻床中摇臂钻床用途较为广泛，在钻床中具有一定的典型性。现以 Z3040B 摇臂钻床为例，说明其电气控制电路特点。Z3040B 摇臂钻床，最大钻孔直径为 40 mm，适用于加工中小零件，可以进行钻孔、扩孔、铰孔、刮平面及攻螺纹等多种形式的加工。增加适当的工艺装备还可以进行镗孔。通过本任务学习，掌握检查、分析、排除摇臂钻床电气故障的方法。

知识准备

1. Z3040B 摇臂钻床结构及运动形式

Z3040B 摇臂钻床主要由底座、内外立柱、摇臂、主轴箱、工作台等组成，结构及运动形式示意图如图 3-29 所示。内立柱固定在底座上，在它外面套着空心的外立柱，外立柱可绕着固定的内立柱回转一周。摇臂一端的套筒部分与外立柱滑动配合，借助于丝杠摇臂可沿着外立柱上下移动，但两者不能做相对转动，因此，摇臂将与外立柱一起相对内立柱回转。主轴箱具有主轴旋转运动部分和主轴进给运动部分的全部传动机构和操作机构，包括主电动机在内，主轴箱可沿着摇臂上的水平导轨做径向移动。当进行加工时，利用夹紧机构将主轴箱紧固在摇臂上，外立柱紧固在内立柱上，摇臂紧固在外立柱上，然后进行钻削加工。

**Z3040B 摇臂
钻床电气控制**

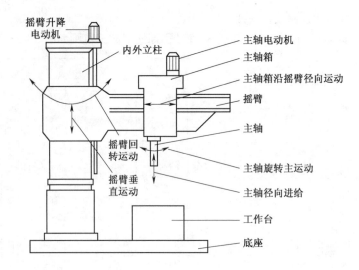

图 3 - 29　Z3040B 摇臂钻床结构及运动形式示意图

2. Z3040B 摇臂钻床电气控制要求

①摇臂钻床运动部件较多,为简化传动装置,采用多电动机拖动。

②摇臂钻床为适应多种形式的加工,要求主轴及进给有较大的调速范围。主轴在一般速度下的钻削加工常为恒功率负载;而低速时主要用于扩孔、铰孔、攻螺纹等加工,这时则为恒转矩负载。

③摇臂钻床的主运动与进给运动皆为主轴的运动,为此这两种运动由一台主轴电动机拖动,分别经主轴传动机构、进给传动机构实现主轴旋转和进给。所以,主轴变速机构与进给变速机构都装在主轴箱内。

④为加工螺纹,主轴要求正、反转。摇臂钻床主轴正反转一般采用机械方法来实现,这样主轴电动机只需要单方向旋转。

⑤摇臂的升降由升降电动机拖动,要求电动机能正、反转。

⑥内外立柱的夹紧与放松、主轴箱与摇臂的夹紧与放松采用电气 - 液压装置控制方法来实现,由液压泵电动机拖动液压泵供出压力油来实现。

⑦摇臂的移动严格按照摇臂松开→移动→摇臂夹紧的顺序进行。因此,摇臂的夹紧放松与摇臂升降按自动控制进行。

⑧根据钻削加工需要,应备有冷却泵电动机,提供冷却液进行刀具的冷却。

⑨具有机床安全照明和信号指示。

⑩具有必要的联锁和保护环节。

⑪摇臂钻床的主轴旋转和摇臂升降不允许同时进行,以保证安全生产。

3. Z3040B 摇臂钻床电路分析

1)主电路分析

Z3040B 摇臂钻床的电源开关采用接触器 KM。这是由于该机床的主轴旋转和摇臂升降不用按钮操作,而采用了不能自动复位的十字开关操作。用按钮和接触器来代替一般的电源开关,就可以具有零电压保护和一定的欠电压保护作用。Z3040B 摇臂钻床主电路原理图如图 3 - 30 所示。

主轴电动机 M2 和冷却泵电动机 M1 都只需要单方向旋转,所以用接触器 KM1 和 KM6 分别控制。立柱夹紧松开电动机 M3 和摇臂升降电动机 M4 都需要正反转,所以各用两只接触器控制。KM2 和 KM3 控制立柱的夹紧和松开;KM4 和 KM5 控制摇臂的升降。Z3040B 摇臂钻床的四台电动机只用了两套熔断器作短路保护。只有主轴电动机具有过载保护;因立柱夹紧松开电动机 M3 和摇臂升降电动机 M4 都是短时工作,故不需要用热继电器来作过载保护;冷却泵电动机 M1 因容量很小,也没有应用保护器件。

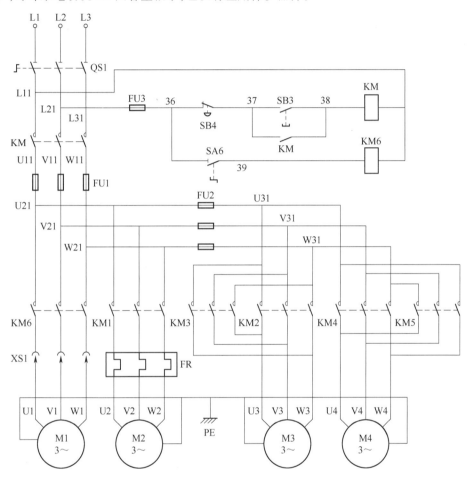

图 3 - 30 Z3040B 摇臂钻床主电路原理图

在安装实际的机床电气设备时,应当注意三相交流电源的相序。如果三相电源的相序接错,电动机的旋转方向就与规定的方向不符,在开动机床时容易发生事故。Z3040B 摇臂钻床三相电源的相序可以用立柱的夹紧机构来检查。Z3040B 摇臂钻床立柱的夹紧和放松动作有指示标牌指示。接通机床电源,使接触器 KM 动作,将电源引入机床;然后按压立柱夹紧或放松按钮 SB1 和 SB2。如果夹紧和松开动作与标牌的指示相符合,就表示三相电源的相序是正确的;如果夹紧与松开动作与标牌的指示相反,则三相电源的相序一定是接错了。这时就应当关断总电源,把三相电源线中的任意两根线对调位置接好,就可以保证相序正确。

2)控制电路分析

控制电路、照明电路及指示灯均由控制变压器 TC1 降压供电。有 220 V、12 V、6.3 V 三种电压。220 V 电压供给控制电路,12 V 电压作为局部照明电源,6.3 V 作为信号指示电源,如图 3 - 31 所示。

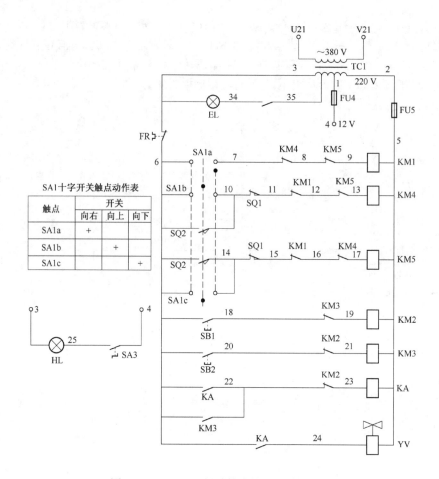

SA1十字开关触点动作表

触点	开关		
	向右	向上	向下
SA1a	+		
SA1b		+	
SA1c			+

图 3 – 31　Z3040B 摇臂钻床控制电路原理图

（1）电源接触器和冷却泵的控制

合上开关 QS1,按下按钮 SB3,电源接触器 KM 线圈得电,如图 3 – 32 所示。KM 电磁机构吸合,KM 主触点闭合,把机床的三相电源接通。KM(37 – 38)常开触点闭合并自锁,完成电源接触器 KM 启动,如图 3 – 33 所示。按 SB4,KM 失电释放,机床电源即被断开。KM 吸合后,转动 SA6,使其接通,KM6 得电吸合,冷却泵电动机即旋转。

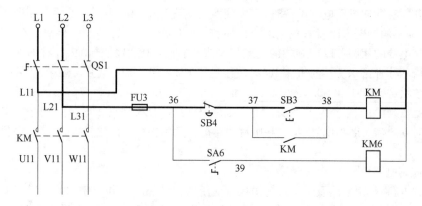

图 3 – 32　Z3040B 摇臂钻床主接触器 KM 启动控制(1)

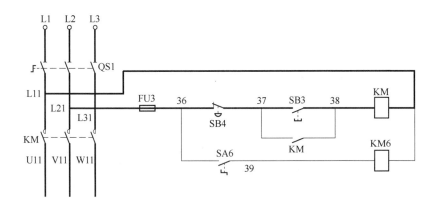

图 3 - 33　Z3040B 摇臂钻床主接触器 KM 启动控制(2)

（2）主轴电动机和摇臂升降电动机的控制

采用十字开关操作,控制电路中的 SA1a、SA1b 和 SA1c 是十字开关的三个触点。十字开关的手柄有五个位置。当手柄处在中间位置时,所有的触点都不通;手柄向右,触点 SA1a 闭合,接通主轴电动机接触器 KM1,电流通路如图 3 - 34 所示;手柄向上,触点 SA1b 闭合,接通摇臂上升接触器 KM4,电流通路如图 3 - 35 所示;手柄向下,触点 SA1c 闭合,接通摇臂下降接触器 KM5,电流通路如图 3 - 36 所示。手柄向左的位置,未加利用。十字开关的使用使操作形象化,不容易误操作。十字开关操作时,一次只能占有一个位置,KM1、KM4、KM5 三个接触器线圈就不会同时得电,这就有利于防止主轴电动机和摇臂升降电动机同时启动运行,也减少了接触器 KM4 与 KM5 的主触点同时闭合而造成短路事故的机会。但是,单靠十字开关还不能完全防止 KM1、KM4 和 KM5 三个接触器的主触点同时闭合的事故。因为接触器的主触点由于通电发热和火花的影响,有时会焊住而不能释放。特别是在运作很频繁的情况下,更容易发生这种事故。这样,就可能在开关手柄改变位置的时候,一个接触器未释放,而另一个接触器又吸合,从而发生事故。所以,在控制电路上,KM1、KM4、KM5 三个接触器线圈之间都有常闭触点进行联锁,使线路的动作更为安全可靠。

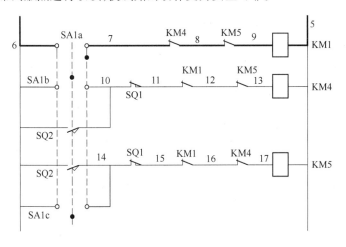

图 3 - 34　十字开关触点 SA1a 闭合接通主轴电动机接触器 KM1 电流通路

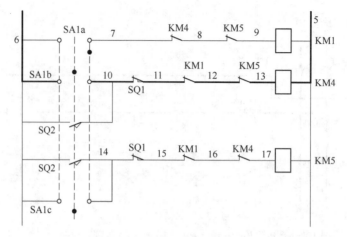

图 3 – 35　十字开关触点 SA1b 闭合接通摇臂上升接触器 KM4 电流通路

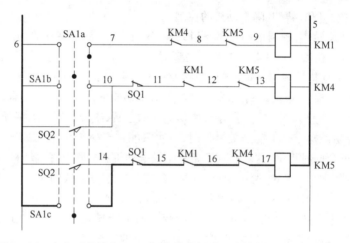

图 3 – 36　十字开关触点 SA1c 闭合接通摇臂下降接触器 KM5 电流通路

（3）摇臂升降和夹紧工作的自动循环

摇臂钻床正常工作时，摇臂应夹紧在立柱上。因此，在摇臂上升或下降之时，必须先松开夹紧装置。当摇臂上升或下降到指定位置时，夹紧装置又须将摇臂夹紧。本机床摇臂的松开，升（或降）、夹紧这个过程能够自动完成。将十字开关扳到上升位置（即向上），触点 SA1b 闭合，接触器 KM4 吸合，摇臂升降电动机启动正转。这时候，摇臂还不会移动，电动机通过传动机构，先使一个辅助螺母在丝杠上旋转上升，辅助螺母带动夹紧装置使之松开。当夹紧装置松开的时候，带动行程开关 SQ2，其常开触点 SQ2(6 – 14) 闭合，为接通接触器 KM5做好准备。摇臂松开后，辅助螺母继续上升，带动一个主螺母沿着丝杠上升，主螺母则推动摇臂上升；摇臂升到预定高度，将十字开关扳到中间位置，触点 SA1b 断开，接触器 KM4 线圈失电释放，电动机停转，摇臂停止上升；由于常开触点 SQ2(6 – 14) 仍旧闭合着，所以在 KM4 释放后，接触器 KM5 吸合，摇臂升降电动机反转，这时电动机只是通过辅助螺母使夹紧装置将摇臂夹紧，摇臂并不下降；当摇臂完全夹紧时，常开触点 SQ2(6 – 14) 断开，接触器 KM5 释放，电动机 M4 停转，如图 3 – 37 所示。

摇臂下降的过程与上述情况相同。

SQ1 是组合行程开关，它的两对常闭触点分别作为摇臂升降的极限位置控制，起终端保护作用。当摇臂上升或下降到极限位置时，由撞块使 SQ1(10 – 11) 或 (14 – 15) 断开，切断接触器 KM4 和 KM5 的通路,使电动机停转,从而起到了保护作用。

SQ1 为自动复位的组合行程开关,SQ2 为不能自动复位的组合行程开关。

摇臂升降机构除了电气限位保护以外,还有机械极限保护装置,在电气保护装置失灵时,机械极限保护装置可以起保护作用。

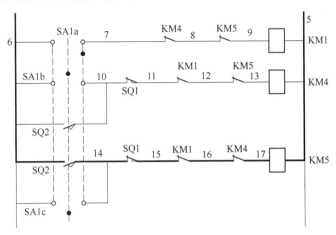

图 3 - 37　摇臂上升后夹紧控制

（4）立柱和主轴箱的夹紧控制

Z3040B 摇臂钻床的立柱分内外两层,外立柱可以围绕内立柱做 360°的旋转。内外立柱之间有夹紧装置。立柱的夹紧和放松由液压装置进行控制,电动机拖动一台齿轮泵。电动机正转时,齿轮泵送出压力油使立柱夹紧;电动机反转时,齿轮泵送出压力油使立柱放松。

立柱夹紧电动机用按钮 SB1 和 SB2 及接触器 KM2 和 KM3 控制,其控制为点动控制。按下按钮 SB1 或 SB2,KM2 或 KM3 就得电吸合,使电动机正转或反转,将立柱夹紧或放松;松开按钮,KM2 或 KM3 就失电释放,电动机即停止。

立柱的夹紧松开与主轴箱的夹紧松开有电气上的联锁。立柱夹紧,主轴箱也夹紧,按下按钮 SB1,KM2 得电,立柱、主轴箱夹紧,如图 3 - 38 所示。立柱松开,主轴箱也松开,按下按钮 SB2,KM3 吸合,立柱松开,如图 3 - 39 所示。KM3(6 - 22)闭合,中间继电器 KA 得电,如图 3 - 40 所示。KA(6 - 22)常开触点闭合并自保,KA 的一个常开触点接通电磁阀 YV,使液压装置将主轴箱松开,如图 3 - 41 所示。在立柱放松的整个时期内,中间继电器 KA 和电磁阀

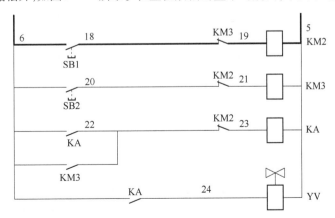

图 3 - 38　立柱、主轴箱夹紧控制

YV 始终保持工作状态,如图 3–42 所示。按下按钮 SB1,接触器 KM2 得电吸合,立柱被夹紧。KM2 的常闭辅助触点(22–23)断开,KA 失电释放,电磁阀 YV 失电,液压装置将主轴箱夹紧。

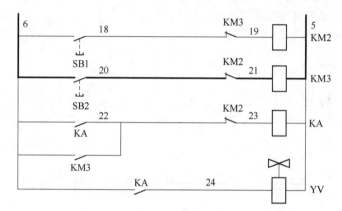

图 3–39 立柱松开控制

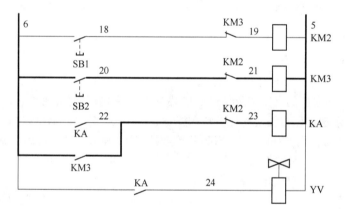

图 3–40 主轴箱松开控制(1)

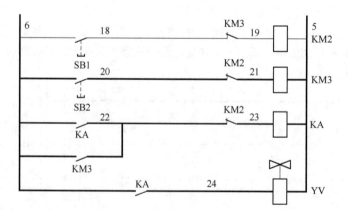

图 3–41 主轴箱松开控制(2)

在控制电路里,不能用接触器 KM2 和 KM3 来直接控制电磁阀 YV。因为电磁阀必须保持得电状态,主轴箱才能松开。一旦 YV 失电,液压装置立即将主轴箱夹紧。KM2 和 KM3 均是点动工作方式,当按下 SB2 使立柱松开后放开按钮,KM3 失电释放,立柱不会再夹紧,这样为了使放开 SB2 后,YV 仍能始终得电就不能用 KM3 来直接控制 YV,而必须用一只中间继电器 KA,在 KM3 失电释放后,KA 仍能保持吸合,使电磁阀 YV 始终得电,从而使主轴箱始终松开。只有当按下 SB1,使 KM2 吸合,立柱夹紧,KA 才会释放,YV 才失电,主轴箱也被夹紧。

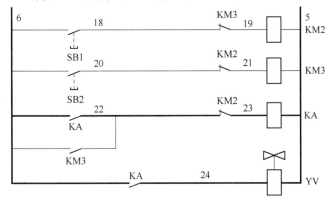

图 3 – 42　立柱松开时保持主轴箱松开控制

任务实现

Z3040B 摇臂钻床电气控制电路常见故障及排查。

故障现象 1:摇臂钻床不能工作,电源无指示,所有电动机无反应。

故障可能原因:接触器 KM 主触点未闭合。FU3 熔断;SB4 或 SB3 接触不良,接触器 KM 线圈断线或烧毁。不应是 FU1 熔断,如果是 FU1 一相熔断,操作冷却泵应有缺相反应,除非是有两相同时熔断。故障范围如图 3 – 43 所示。

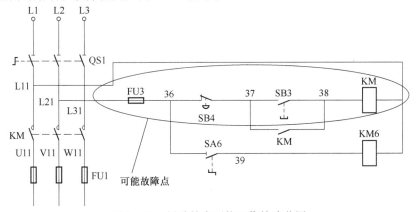

图 3 – 43　摇臂钻床不能工作故障范围

故障现象 2:按下启动按钮 SB3,主接触器闭合;松开按钮 SB3,主接触器断开。

故障可能原因:KM 不能自锁。KM(37 – 38)常开触点接触不良或自锁回路有断线。故障范围如图 3 – 44 所示。

故障现象 3:主接触器能闭合,控制电源无指示,不能工作。

故障可能原因:缺相。L1 或 L2 相上主接触器有触点接触不良或 FU1 熔断。不能是 L3 相上缺相,如果是 L3 相上缺相,电源有指示,能操作,只是电动机缺相。故障范围如图 3 – 45 所示。

故障现象 4:电源有指示,但所有电动机均不能工作,且伴有嗡嗡声。

故障可能原因:缺相。L3 相上主接触器触点接触不良或 FU1 熔断。故障范围如图3 – 46 所示。

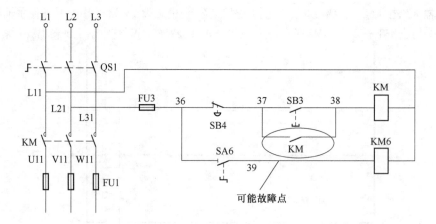

图 3-44 KM 不能自锁故障范围

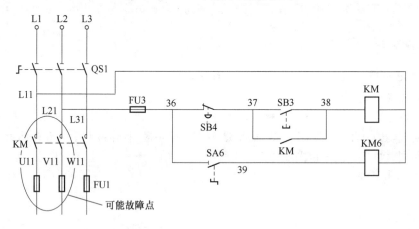

图 3-45 主接触器能闭合,控制电源无指示故障范围

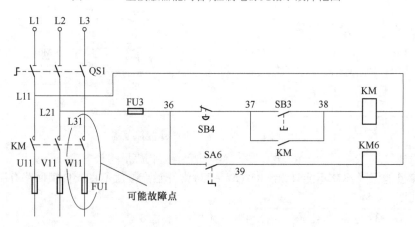

图 3-46 电源有指示缺相故障范围

故障现象 5:机床操作正常,但控制电源无指示。

故障可能原因:主接触器常开辅助触点 KM(34-35)接触不良或指示灯 EL 损坏。故障范围如图 3-47 所示。

故障现象 6:摇臂升降及夹紧电动机均不能工作,且伴有嗡嗡声,其他正常。

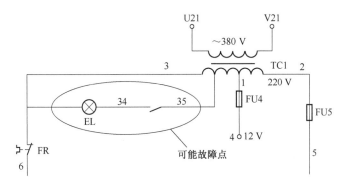

图 3 - 47　机床操作正常,但控制电源无指示故障范围

故障可能原因:缺相。FU2 有熔断。故障范围如图 3 - 48 所示。

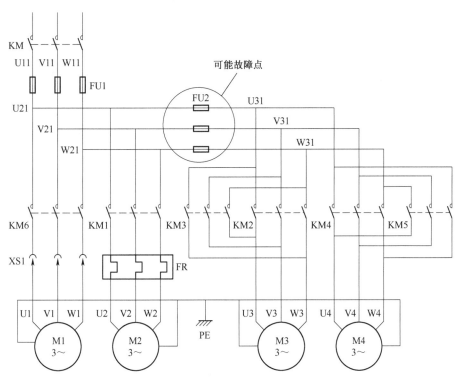

图 3 - 48　摇臂升降及夹紧电动机均不能工作且伴有嗡嗡声故障范围

故障现象 7:主轴电动机不能停转。

故障可能原因:KM1 主触点熔焊。故障范围如图 3 - 49 所示。

故障现象 8:机床无照明,其他正常。

故障可能原因:FU4 熔断、照明灯 HL 或开关 SA3 损坏。故障范围如图 3 - 50 所示。

故障现象 9:机床电源指示及照明正常,但机床不能工作。

故障可能原因:热继电器 FR 常闭触点接触不良或 FU5 熔断。故障范围如图 3 - 51 所示。

故障现象 10:主轴电动机不能启动。

故障可能原因:十字开关 SA1a 点接触不良;KM4(7 - 8)、KM5(8 - 9)常闭触点接触不良;KM1 线圈断线或烧毁。故障范围如图 3 - 52 所示。

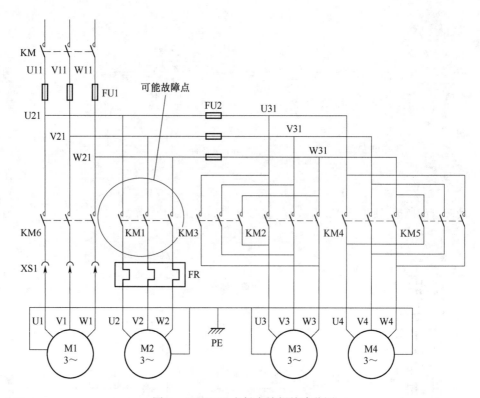

图 3-49　KM1 主触点熔焊故障范围

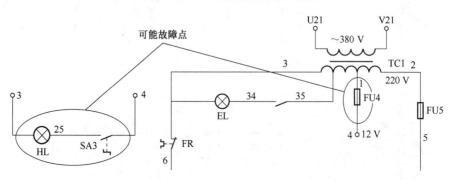

图 3-50　机床无照明故障范围

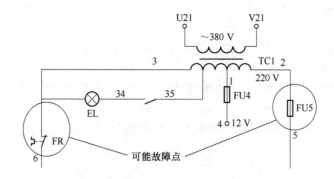

图 3-51　机床电源指示及照明正常,但机床不能工作故障范围

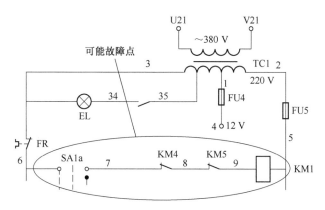

图 3 - 52　主轴电动机不能启动故障范围

故障现象 11:摇臂升降后不能夹紧。

故障可能原因:SQ2 位置不当;SQ2 损坏;连到 SQ2 的 6、10、14 号线中有脱落或断路。故障范围如图 3 - 53 所示。

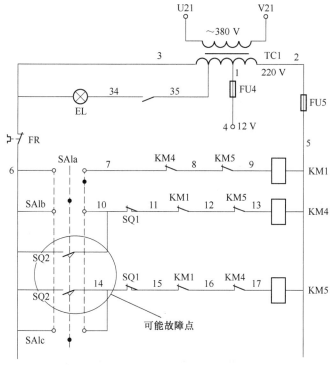

图 3 - 53　摇臂升降后不能夹紧故障范围

故障现象 12:摇臂升降方向与十字开关标志的扳动方向相反。

故障可能原因:摇臂升降电动机 M4 相序接反。故障范围如图 3 - 54 所示。

故障现象 13:立柱、主轴箱能夹紧但都不能松开。

故障可能原因:SB2(6 - 20)接触不良;KM2(20 - 21)常闭触点不通;KM3 线圈损坏。故障范围如图 3 - 55 所示。

故障现象 14:立柱、主轴箱能夹紧,立柱能松开,但主轴箱不能松开。

故障可能原因:KM3(6 - 22)接触不良;KM2(22 - 23)常闭触点不通;KA 线圈损坏;YV线圈开路;22、23、24 号线中有脱落或断路。故障范围如图 3 - 56 所示。

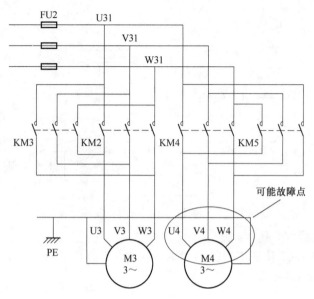

图 3 – 54　摇臂升降方向与十字开关标志的扳动方向相反故障范围

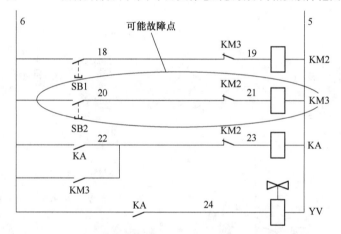

图 3 – 55　立柱主轴箱能夹紧但都不能松开故障范围

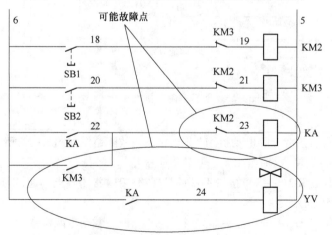

图 3 – 56　主轴箱不能松开故障范围

故障现象 15：立柱、主轴箱能夹紧，立柱、主轴箱都能松开，但松开 SB3 按钮，主轴箱又立刻夹紧。

故障可能原因：KA 不能自锁；KA(6 - 22) 常开触点可能接触不良。按下 SB3 按钮，KA 线圈得电，KA(6 - 24)闭合，电磁阀 YV 得电，主轴箱松开；松开 SB3 按钮，由于 KA(6 - 22) 不能自锁，KA 线圈失电，YV 失电，主轴箱立刻夹紧。故障范围如图 3 - 57 所示。

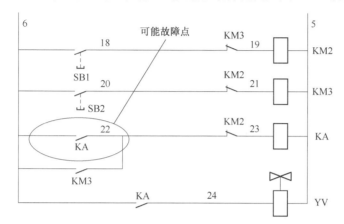

图 3 - 57　主轴箱松开后又夹紧故障范围

故障现象 16：主轴电动机刚启动运转，熔断器就熔断。

故障可能原因：机械机构卡住或钻头被铁屑卡住；负荷太重或进给量太大，使电动机堵转造成主轴电动机电流剧增，热继电器来不及动作；电动机故障或损坏。

任务三　X62W 铣床电气控制电路运行维护

任务描述

X62W 铣床可用于工件的平面、斜面和沟槽等加工，安装分度头后可铣切直齿齿轮、螺旋面，若使用圆工作台还可以铣切凸轮和弧形槽，这是一种常用的通用机床，在机械制造和修理部门得到广泛应用。一般中小型铣床主拖动都采用三相笼形异步电动机，并且主轴旋转主运动与工作台进给运动分别由单独的电动机拖动。铣床主轴的主运动为刀具的切削运动，它有顺铣和逆铣两种工作方式；工作台的进给运动有水平工作台左右（纵向）、前后（横向）以及上下（垂直）方向的运动，还有圆工作台的回转运动。通过本任务学习，掌握 X62W 铣床电气控制工作原理，学会检查、分析、排除铣床电气故障的方法。

知识准备

1. X62W 铣床结构及运动形式

X62W 铣床的主要结构如图 3 - 58 所示。床身固定于底座上，用于安装和支承铣床的各部件，在床身内还装有主轴部件、主传动装置及其变速操纵机构等。床身顶部的导轨上装有悬梁，悬梁上装有刀杆支架。铣刀则装在刀杆上，刀杆的一端装在主轴上，另一端装在刀杆支架上。刀杆支架可以在悬梁上做水平移动，悬梁又可以在床身顶部的水平导轨上水平移动，因此可以适应各种不同长度的刀杆。床身的前部有垂直导轨，升降台可以沿导轨上下移

铣床电气控制
电路分析

动,升降台内装有进给运动和快速移动的传动装置及其操纵机构等。在升降台的水平导轨上装有滑座(横溜板),可以沿导轨做平行于主轴轴线方向的横向移动;工作台又经过回转盘装在滑座的水平导轨上,可以沿导轨做垂直于主轴轴线方向的纵向移动。这样,紧固在工作台上的工件,通过工作台、回转盘、滑座和升降台,可以在相互垂直的三个方向上实现进给或调整运动。在工作台与滑座之间的回转盘还可以使工作台左右转动45°,因此工作台在水平面上除了可以做横向和纵向进给运动外,还可以实现在不同角度的各个方向上的进给,用以铣削螺旋槽。

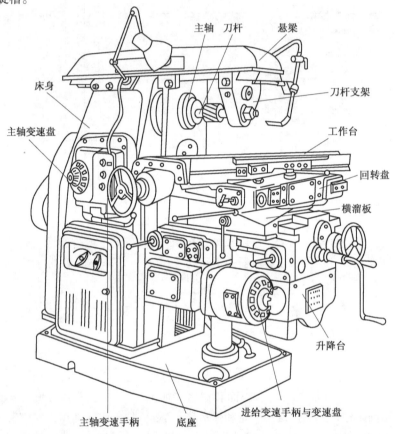

图 3-58 X62W 铣床的主要结构

由此可见,铣床的主运动是主轴带动刀杆和铣刀的旋转运动;进给运动包括工作台带动工件面的纵、横及垂直三个方向的运动;辅助运动则是工作台在三个方向的快速移动。

2. X62W 铣床电力拖动和控制要求

机床主轴的主运动和工作台进给运动分别由单独的电动机拖动,并有不同的控制要求。

①主轴电动机 M1(功率7.5 kW),空载直接启动,为满足顺铣和逆铣工作方式的要求,要求能够正反转;为提高生产率,采用反接制动进行停车制动,而主轴电动机要求能在两处实行启停控制操作。

②进给电动机 M2,直接启动,为满足纵向、横向、垂直方向的往返运动,要求电动机能正反转。为提高生产率,要求空行程时可快速移动,快速移动通过牵引电磁铁 YA 来实现。从设备使用安全角度考虑,各进给运动之间必须联锁,并由手柄操作机械离合器选择进给运动的方向。

③冷却泵电动机 M3 拖动冷却泵,在铣削加工时提供切削液。

④主轴与工作台的变速由机械变速系统完成。变速过程中,当选定啮合的齿轮没能进入正常啮合时,要求电动机能瞬时冲动至合适的位置,保证齿轮能正常啮合。

⑤加工零件时,为保证设备安全,要求主轴电动机启动以后,工作台电动机方能启动工作。

3. X62W 铣床电气控制系统分析

X62W 铣床控制电路可划分为主电路、控制电路(含照明电路)两部分。

1)主电路分析

X62W 铣床主电路原理图如图 3-59 所示。铣床是逆铣还是顺铣方式加工,开始工作前即已选定,在加工过程中是不可改变的。为简化控制电路,主轴电动机 M1 正转或反转接线是通过组合开关 SA5 手动选择的,控制接触器 KM1 的主触点只控制电源的接入与切断;KM2 用于电动机 M1 的反接制动。主轴电动机 M1 的正转运行电流通路如图 3-60 所示。反接制动电流通路如图 3-61 所示,电阻 R 的作用是限制反接制动时的电流。反转时,通过 SA5 改变电动机相序,工作原理相同,请读者自行分析。

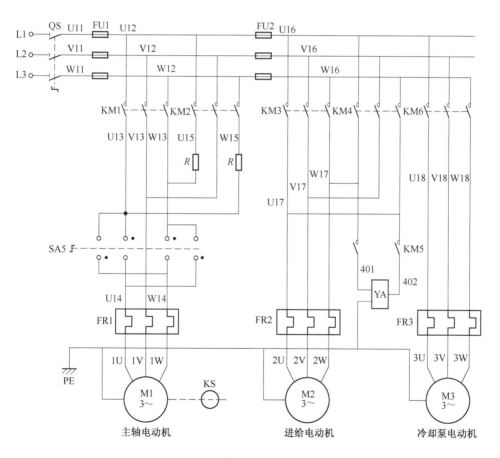

图 3-59 X62W 铣床主电路原理图

进给电动机 M2 在工作过程中可频繁变换转动方向,因而仍采用接触器正反转控制。

冷却泵电动机 M3 根据加工要求提供切削液,单向运行,由接触器 KM6 控制。

熔断器 FU1 作为机床总短路保护,也兼作 M1 的短路保护;FU2 作为 M2、M3 及控制变压器 TC、照明灯 EL 的短路保护;热继电器 FR1、FR2、FR3 分别作为 M1、M2、M3 的过载保护。

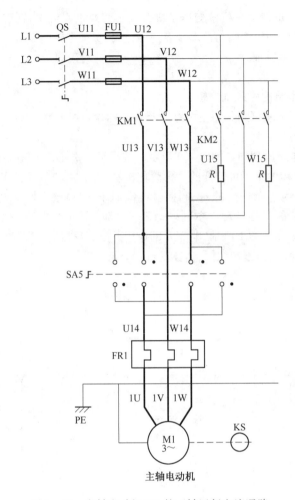

图 3 – 60　主轴电动机 M1 的正转运行电流通路

2）控制电路分析

X62W 铣床控制电路原理图如图 3 – 62 所示。

（1）主轴电动机 M1 的控制

主轴电动机 M1 空载直接启动。启动前，先由组合开关 SA5 选定电动机的转向，然后再按启动按钮 SB3 或 SB4，接通接触器 KM1 的线圈电路，其主触点闭合，主轴电动机 M1 按给定方向启动旋转。常开触点 KM1(8 – 9)闭合自锁。M1 启动后，当 M1 的转速高于 120r/min 时速度继电器 KS 的一副常开触点闭合，为主轴电动机的停转制动做好准备。主轴运行时控制电路电流通路如图 3 – 63 所示。停车时，按停止按钮 SB1 或 SB2 切断 KM1 电路，接通 KM2 电路，改变 M1 的电源相序进行串电阻反接制动，电流通路如图 3 – 64 所示。当 M1 的转速低于 100r/min 时，速度继电器 KS 的一副常开触点恢复断开，切断 KM2 电路，M1 停转，制动结束。按钮 SB1 与 SB3、SB2 与 SB4 分别位于两个操作板上，从而实现主轴电动机的两地操作控制。

（2）主轴变速时的瞬时冲动控制

变速时，变速手柄被拉出，然后转动变速手轮选择转速，转速选定后将变速手柄复位。因为变速是通过机械变速机构实现的，变速手轮选定应进入啮合的齿轮，齿轮啮合到位即可输出选定转速，但是当齿轮不能正常进入啮合状态时，则需要主轴有瞬时冲动的功能，以调整齿轮位置,使齿轮正常啮合。实现瞬时冲动控制是采用复位手柄与行程开关 SQ7 组合构成的冲动控制电路。变速手柄在复位的过程中压动行程开关 SQ7,SQ7 的常开触点闭合,使接触器 KM2 的线圈得电,主轴电动机 M1 转动,SQ7 的常闭触点切断 KM2 线圈电路的自锁,使电路随时可被切断。变速手柄复位后,松开行程开关 SQ7,电动机 M1 停转,完成一次瞬时冲动。主轴变速时的瞬时冲动控制电路电流通路如图 3 – 65 所示。

手柄复位时要求动作迅速、连续,一次不到位应立即拉出,以免行程开关 SQ7 没能及时松开,电动机转速上升,在齿轮未啮合好的情况下打坏齿轮。如果瞬时

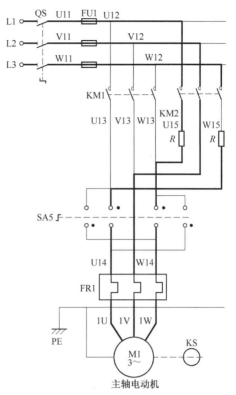

图 3 – 61 主轴电动机 M1 的正转
运行反接制动电流通路

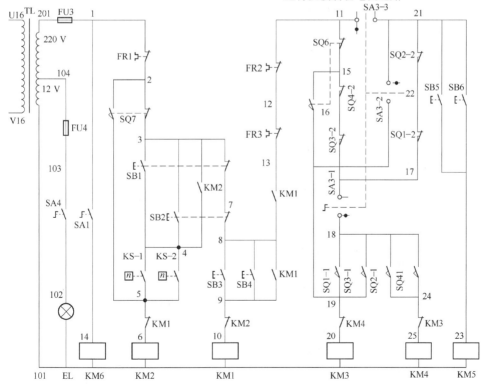

图 3 – 62 X62W 铣床控制电路原理图

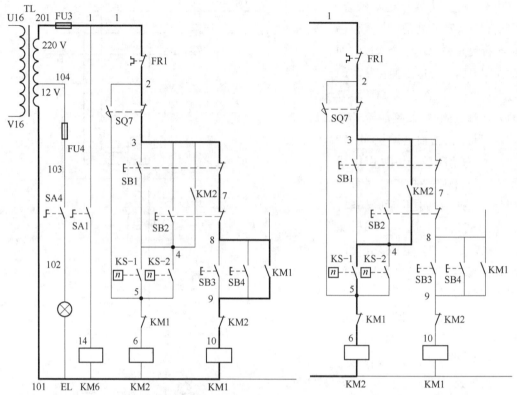

图 3 - 63　主轴运行时控制电路电流通路

图 3 - 64　主轴反接制动时控制电路电流通路

冲动一次不能实现齿轮良好的啮合时,应立
即拉出复位手柄,重新进行复位瞬时冲动的
操作,直至完全复位,齿轮正常啮合工作
为止。

（3）进给电动机 M2 的控制

进给电动机 M2 的控制电路分为三部分:
第一部分为顺序控制部分,当主轴电动机启
动后,接触器 KM1(8 - 13)辅助常开触点闭
合,进给用接触器 KM3 与 KM4 的线圈电路方
能通电工作;第二部分为工作台各进给运动
之间的联锁控制部分,实现水平工作台各运
动之间的联锁,也可实现水平工作台与圆工
作台工作之间的联锁;第三部分为进给电动
机正反转接触器线圈电路部分。

①水平工作台纵向进给运动控制。选择
开关 SA3 选择水平工作台工作或是圆工作台
工作。SA3 - 1 与 SA3 - 3 触点闭合构成水平
工作台运动联锁电路,SA3 - 2 触点断开,切断
圆工作台工作电路。

水平工作台纵向进给运动由操作手柄与

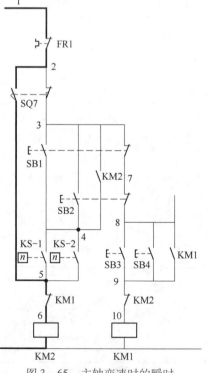

图 3 - 65　主轴变速时的瞬时
冲动控制电路电流通路

行程开关 SQ1、SQ2 组合控制。纵向操作手柄有左右两个工作位和一个中间不工作位。手柄扳到工作位时,带动机械离合器,接通纵向进给运动的机械传动链,同时压动行程开关,行程开关的常开触点闭合使接触器 KM3 或 KM4 线圈得电,其主触点闭合,进给电动机正转或反转,驱动工作台向左或向右移动进给,行程开关的常闭触点在运动联锁控制电路部分构成联锁控制功能。工作台纵向进给的控制过程是电路由 KM1(8-13)辅助常开触点开始,工作电流经 SQ6-2→SQ4-2→SQ3-2→SA3-1→SQ1-1→KM4 常闭触点到 KM3 线圈,电流通路如图 3-66 所示。或者反方向,由 SA3-1 经 SQ2-1→KM3 常闭触点到 KM4 线圈。

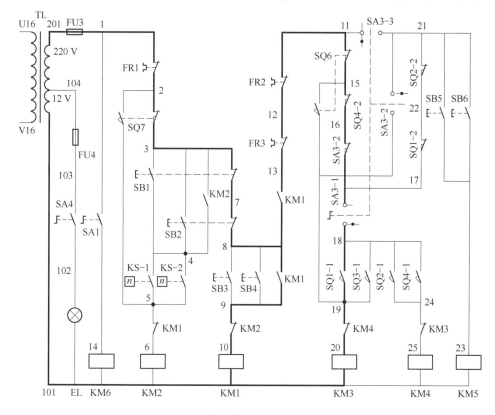

图 3-66 水平工作台纵向进给运动的控制电流通路

手柄扳到中间位时,纵向机械离合器脱开,行程开关 SQ1 与 SQ2 不受压,因此进给电动机不转动,工作台停止移动。工作台的两端安装有限位撞块,当工作台运行到达终点位时,撞块撞击手柄,使其回到中间位置,实现工作台的终点停车。

②水平工作台横向和升降进给运动控制。水平工作台横向和升降进给运动的选择和联锁是通过十字复式手柄和行程开关 SQ3、SQ4 的组合控制来实现的,操作手柄有上、下、前、后四个工作位置和中间一个不工作位置。扳动手柄到选定运动方向的工作位,即可接通该运动方向的机械传动链,同时压动行程开关 SQ3 或 SQ4,行程开关的常开触点闭合使控制进给电动机转动的接触器 KM3 或 KM4 的线圈得电,电动机 M2 转动,工作台在相应的方向上移动;行程开关的常闭触点如纵向行程开关一样,在联锁电路中,构成运动的联锁控制。工作台横向与垂直方向进给控制过程是,控制电路由主轴接触器 KM1 的辅助常开触点开始,工作电流经 SA3-3→SQ2-2→SQ1-2→SA3-1,然后经 SQ3-1→KM4 到 KM3 线圈,电流通路如图 3-67 所示。或者反方向,由 SA3-1 经 SQ4-1→KM3 到 KM4 线圈。

十字复式操作手柄扳在中间位置时,横向与垂直方向的机械离合器脱开,行程开关 SQ3

与 SQ4 均不受压,因此进给电动机停转,工作台停止移动。固定在床身上的挡块在工作台移动到极限位置时,撞击十字手柄,使其回到中间位置,切断电路,使工作台在进给终点停车。

③水平工作台进给运动的联锁控制。由于操作手柄在工作时,只存在一种运动选择,因此铣床直线进给运动之间的联锁满足两操作手柄之间的联锁即可实现。联锁控制电路如前面联锁电路所述,由两条电路并联组成,纵向手柄控制的行程开关 SQ1、SQ2 常闭触点串联在一条支路上,十字复式手柄控制的行程开关 SQ3、SQ4 常闭触点串联在另一条支路上,扳动任一操作手柄,只能切断其中一条支路,另一条支路仍能正常通电,使接触器 KM3 或 KM4 的线圈不失电,若同时扳动两个操作手柄,则两条支路均被切断,接触器 KM3 或 KM4 的线圈失

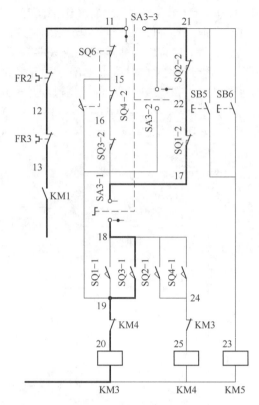

图 3-67　水平工作台横向和
升降进给运动控制电流通路

电,工作台立即停止移动,从而防止机床运动干涉造成设备事故。

④水平工作台的快速移动。为提高劳动生产率,要求铣床在不做铣切加工时,工作台能快速移动。工作台快速进给也是由进给电动机 M2 来驱动的,在纵向、横向和垂直三种运动形式六个方向上都可以实现快速进给控制。

主轴电动机启动后,将进给操纵手柄扳到所需位置,工作台按照选定的速度和方向做常速进给移动时,再按下快速进给按钮 SB5 或 SB6,使接触器 KM5 线圈得电吸合,接通牵引电磁铁 YA,电磁铁通过杠杆使摩擦离合器合上,减少中间传动装置,使工作台按运动方向做快速进给运动。当松开快速进给按钮时,电磁铁 YA 失电,摩擦离合器断开,快速进给运动停止,工作台仍按原常速进给时的速度继续运动。

⑤圆工作台运动控制。SA3-2 触点闭合,构成圆工作台控制电路,此时水平工作台的操作手柄均扳在中间不工作位。控制电路由主轴接触器 KM1 的辅助常开触点开始,工作电流经 SQ6 常闭触点→SQ4-2→SQ3-2→SQ1-2→SQ2-2→SA3-2→KM4 到 KM3 线圈,KM3 主触点闭合,进给电动机 M2 正转,拖动圆工作台转动,圆工作台只能单方向旋转,电流通路如图 3-68 所示。圆工作台的控制电路串联了水平工作台工作行程开关 SQ1 ~ SQ4 的常闭触点,因此水平工作台任一操作手柄扳到工作位置,都会压动行程开关,切断圆工作台的控制电路,使其立即停止转动,从而起着水平工作台进给运动和圆工作台转动之间的联锁保护控制作用。

⑥水平工作台变速时的瞬时冲动。水平工作台变速时的瞬时冲动控制原理与主轴变速瞬时冲动相同。变速手柄拉出后选择转速,再将手柄复位,变速手柄在复位的过程中压动瞬时冲动行程开关 SQ6,SQ6 的常开触点闭合接通接触器 KM3 的线圈电路,使进给电动机

M2 转动,常闭触点切断 KM2 线圈电路的自锁。变速手柄复位后,松开行程开关 SQ6。与主轴瞬时冲动操作相同,也要求手柄复位时迅速、连续,一次不到位,要立即拉出变速手柄,再重复瞬时冲动的操作,直到实现齿轮处于良好啮合状态,进入正常工作为止。水平工作台变速时的瞬时冲动控制电流通路如图 3-69 所示。

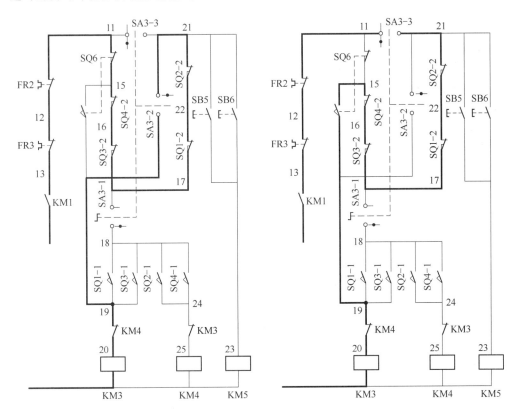

图 3-68 圆工作台运动控制电流通路　　　图 3-69 水平工作台变速时的
　　　　　　　　　　　　　　　　　　　　　　　　　　　瞬时冲动控制电流通路

(4)冷却泵电动机 M3 的控制

合上开关 SA1,接触器 KM6 线圈得电,启动冷却泵;断开开关 SA1,接触器 KM6 线圈失电,冷却泵停止。

(5)照明电路分析

照明灯 EL 由照明变压器 TC 提供 12 V 的工作电压,SA4 为灯开关,FU4 提供短路保护。

任务实现

X62W 铣床电气控制电路常见故障及排查。

故障现象 1:按下主轴停车按钮后主轴电动机不能停车。

故障可能原因:KM1 的主触点熔焊。故障范围如图 3-70 所示。

故障现象 2:主轴不能启动,伴有嗡嗡声。

故障可能原因:缺相。主接触器 KM1 某一触点接触不良,或电动机有一相断线。故障范围与故障现象 1 相同。

故障现象 3:控制电路不能工作,也无照明。

故障可能原因:L1 或 L2 相上的 FU1、FU2 熔断器熔断,控制变压器损坏。故障范围如图3-71 所示。

故障现象4:主轴、进给、冷却泵均不能启动,并都伴有嗡嗡声。

故障可能原因:缺相。因为三电动机同时缺相,所以故障点应是在三电动机总的电源部分,即 L3 相上的 QS 开关触点接触不良、FU1 熔断器熔断或该相上有断线等。不能是 L1、L2 相上故障,因为如果这两相有故障,控制电源将不能工作,也就不会从电动机上发现缺相。故障范围如图3-72 所示。

故障现象5:主轴不能启动。

故障可能原因:热继电器触点 FR1(1-2)、变速冲动开关 SQ7(2-3)、SB1(3-7)、SB2(7-8)、KM2(9-10) 等常闭触点接触不良,接触器 KM1 线圈损坏。这里不考虑启动按钮 SB3 和 SB4 同时故障,这种可能性很小。也不能是熔断器 FU3 熔断,因为如果 FU3 熔断,冷却泵也将不能工作。所以,如果故障现象是主轴和冷却泵同时不能工作,可直接判断是 FU3 熔断,因为冷却泵和主轴工作都要经过 FU3,是两者的公共部分。故障范围如图3-73 所示。

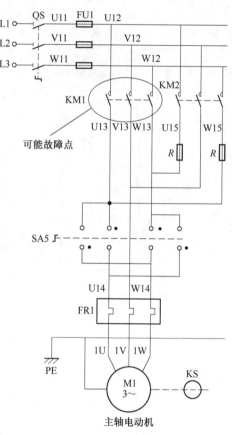

图 3-70　主轴电动机不能停车故障范围

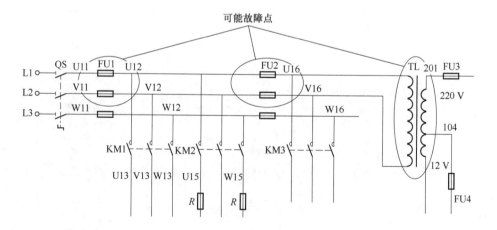

图 3-71　控制电路不能工作故障范围

故障现象6:主轴不能自锁。

故障可能原因:KM1(8-9)触点接触不良。故障范围如图3-74 所示。

故障现象7:主轴正向工作无制动。

故障可能原因:KS-1(4-5)触点接触不良。故障范围如图3-75 所示。

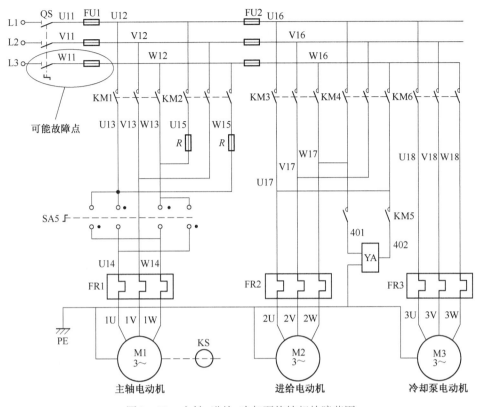

图 3 - 72 主轴、进给、冷却泵均缺相故障范围

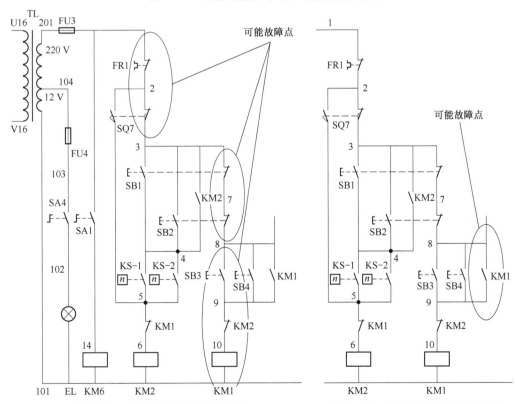

图 3 - 73 主轴不能启动故障范围   图 3 - 74 主轴不能自锁故障范围

故障现象 8：主轴正反向均无制动。

故障可能原因：速度继电器损坏，KM1(5 - 6) 常闭触点接触不良，KM2 线圈损坏。故障范围如图 3 - 76 所示。可进一步判断，试一下主轴有无变速冲动，若有，说明是速度继电器损坏；若无，说明故障在 KM1(5 - 6) 常闭触点和 KM2 线圈。

故障现象 9：主轴正反向均按下停止按钮有制动，松开按钮无制动。

故障可能原因：反接制动不能自锁。KM2(3 - 4) 触点接触不良。故障范围如图 3 - 77 所示。

故障现象 10：主轴变速无低速冲动（瞬时转动）。

故障可能原因：行程开关 SQ7 经常受到频繁冲击，使开关位置改变、开关底座被撞碎或 SQ7 (2 - 5) 接触不良。故障范围如图 3 - 78 所示。

故障现象 11：进给及快速不能工作。

故障可能原因：接触器 KM1(8 - 13) 常开触点不能闭合；热继电器常闭触点 FR2(11 - 12)、FR3(12 - 13) 接触不良。故障范围如图 3 - 79 所示。

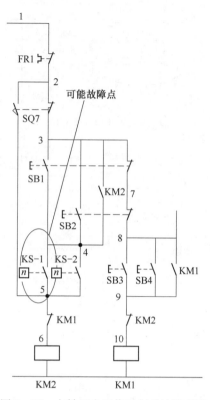

图 3 - 75   主轴正向工作无制动故障范围

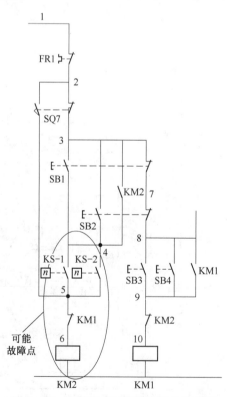

图 3 - 76   主轴正反向均无制动故障范围

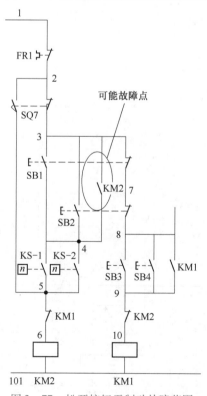

图 3 - 77   松开按钮无制动故障范围

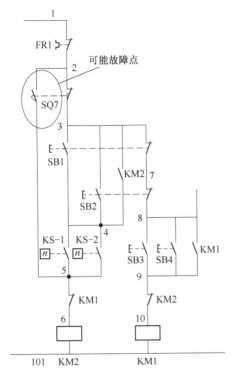

图 3 - 78　主轴变速无低速冲动故障范围

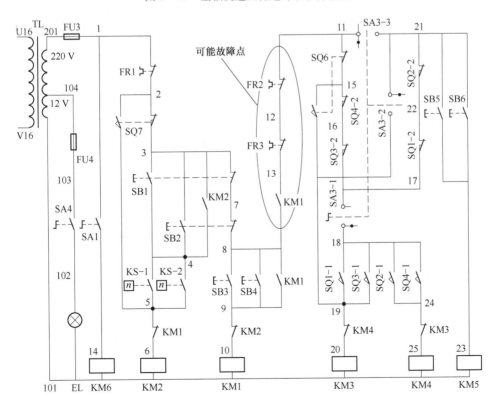

图 3 - 79　进给及快速不能工作故障范围

故障现象 12：非圆工作台纵向不能工作。

故障可能原因：行程开关 SQ6（11 - 15）、SQ3（15 - 16）或 SQ4（16 - 17）常闭触点接触不良。故障范围如图 3 - 80 所示。

故障现象 13：非圆工作台纵向不能向左工作。

故障可能原因：行程开关 SQ1（18 - 19）触点接触不良。故障范围如图 3 - 81 所示。

故障现象 14：非圆工作台上下前后（十字手柄）不能工作。

故障可能原因：行程开关 SQ2 - 2（21 - 22）或 SQ1 - 2（22 - 17）常闭触点接触不良。故障范围如图 3 - 82 所示。

故障现象 15：非圆工作台上下前后（十字手柄）不能向上向前工作。

故障可能原因：行程开关 SQ3 - 1（18 - 19）触点接触不良。故障范围如图 3 - 83 所示。

故障现象 16：圆工作台不能工作，非圆工作台工作正常，能进给冲动。

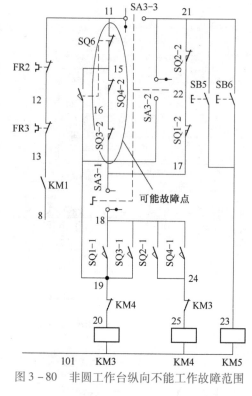

图 3 - 80　非圆工作台纵向不能工作故障范围

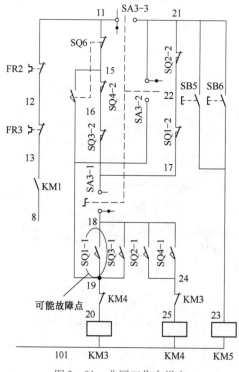

图 3 - 81　非圆工作台纵向
不能向左工作故障范围

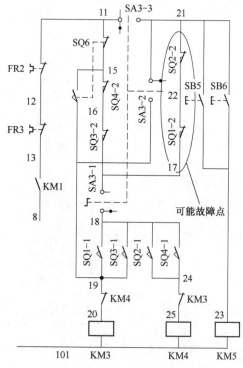

图 3 - 82　非圆工作台上下前后
（十字手柄）不能工作故障范围

故障可能原因:转换开关 SA3 - 2(21 - 19)触点接触不良。故障范围如图 3 - 84 所示。

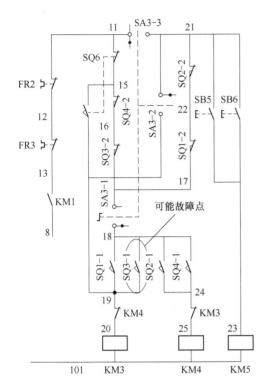

图 3 - 83　非圆工作台上下前后
(十字手柄)不能向上向前工作故障范围

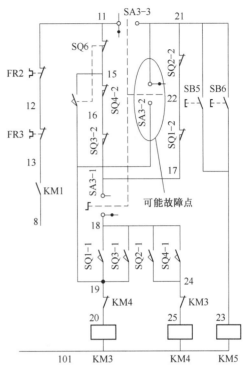

图 3 - 84　圆工作台不能工作
故障范围

故障现象 17:进给电动机不能冲动(瞬时转动)。

故障可能原因:行程开关 SQ6 经常受到频繁冲击,使开关位置改变、开关底座被撞碎或接触不良。故障范围如图 3 - 85 所示。

故障现象 18:工作台不能快速移动。

故障可能原因:KM5 线圈断路或短路烧毁。故障范围如图 3 - 86 所示。另外,电磁阀 YA 由于冲击力大,操作频繁,经常造成铜制衬垫磨损严重,产生毛刺,划伤线圈绝缘层,引起匝间短路,烧毁线圈;线圈受振动,接线松脱。

故障现象 19:圆工作台工作正常,非圆工作台不能工作,能进给冲动。

故障可能原因:转换开关 SA3 - 1(17 - 18)触点接触不良。故障范围如图 3 - 87 所示。

故障现象 20:非圆工作台上下前后(十字手柄)不能工作,纵向(一字手柄)能工作,无快速。

故障可能原因:转换开关 SA3 - 1(11 - 21)触点接触不良。故障范围如图 3 - 88 所示。

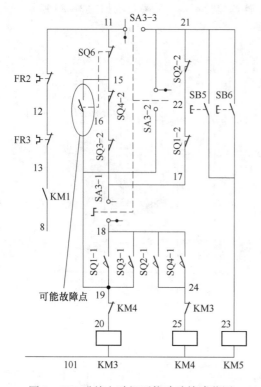

图 3-85 进给电动机不能冲动故障范围

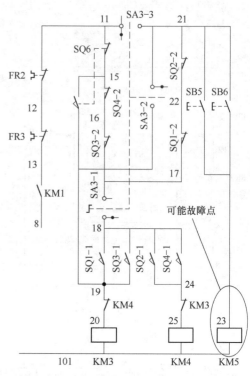

图 3-86 工作台不能快速移动故障范围

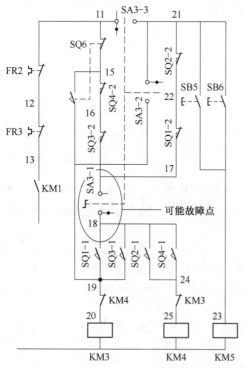

图 3-87 非圆工作台不能工作故障范围

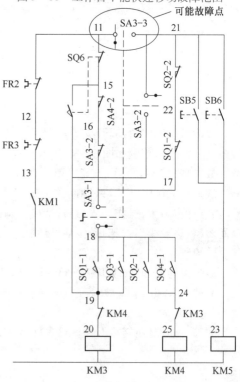

图 3-88 非圆工作台上下前后
（十字手柄）不能工作故障范围

习 题 三

1. 填空题

(1)C650-2 车床主电路包括四部分:( )驱动电路、( )驱动电路、( )电路及( )供电电路。

(2)C650-2 车床的三台电动机为( )电动机、冷却泵电动机和( )电动机。

(3)C650-2 车床点动工作时需串入( ),防止连续的点动启动电流造成电动机( )。

(4)C650-2 车床 KM3 主触点闭合短接掉主电路中( ),为主轴电动机直接启动做准备。

(5)修理前的调查研究包括:( )、( )、( )、( )。

(6)Z3040B 钻床四台电动机为( )电动机、冷却泵电动机、液压泵电动机和( )电动机。

(7)摇臂钻床的主运动与进给运动皆为( )的运动。

(8)铣床工作台快速移动通过( )来实现。

(9)铣床中电阻 R 的作用是限制( )时的电流。

2. 选择题

(1)由于 C650-2 车床快速电动机为短时工作制,所以没有( )保护。

　　a. 短路　　　　b. 过载　　　　c. 失电压

(2)C650-2 车床主轴电路中电流表显示( )时电动机绕组中的电流。

　　a. 启动　　　　b. 运行　　　　c. 制动

(3)与电动机主轴同轴相连的( )用于电动机的反接制动。

　　a. 速度继电器　　b. 中间继电器　　c. 电流表

(4)C650-2 车床按住停止按钮 SB1 不松手,主轴电动机处于( )工作状态。

　　a. 继续运行　　　b. 制动　　　　c. 自由停车

(5)Z3040B 钻床用按钮和接触器来代替一般的电源开关,就可以具有( )保护作用。

　　a. 短路　　　　b. 过载　　　　c. 失电压

(6)Z3040B 钻床电磁阀 YV 必须保持通电状态,( )才能松开。

　　a. 主轴箱　　　　b. 摇臂　　　　c. 内外立柱

(7)铣床是逆铣还是顺铣方式加工是由( )控制的。

　　a. KM1、KM2　　b. SA3　　　　c. SA5

(8)铣床主轴电动机和工作台电动机启动顺序为( )。

　　a. 主轴先启动工作台后启动

　　b. 工作台先启动主轴后启动

　　c. 同时启动

3. 判断题

(1)C650-2 车床主轴采用串电阻降压启动。( )

(2)C650-2 车床启动时电流表被短接掉,不显示电流。( )

(3)C650-2 车床控制电路中 KA(3-9)常闭触点用于主轴电动机的自锁。( )

(4)C650-2 车床控制电路中 KA(3-8)常开触点用于主轴电动机的反接制动。( )

(5)当需要更换熔断器的熔体时,必须选择与原熔体型号相同的熔体,不得随意更改,以免造成意外事故或留下更大的隐患。(　　)

(6)若热继电器烧毁,要求先查明过载原因,再修复。(　　)

(7)机床故障排除后,一切要恢复原样。(　　)

(8)Z3040B 钻床因立柱夹紧松开电动机 M3 和摇臂升降电动机 M4 都是短时工作的,故不需要用熔断器来作短路保护。(　　)

(9)Z3040B 钻床如果三相电源的相序接错了,电动机的旋转方向就与规定的方向不符,在开动机床时容易发生事故。(　　)

(10)SQ1 是组合行程开关,它的两对常闭触点分别作为摇臂升降的极限位置控制,起终端保护作用。(　　)

(11)行程开关 SQ2 的作用是用于摇臂的自动夹紧。(　　)

(12)在 Z3040B 钻床中,摇臂升降的联锁是利用电气方法实现的。(　　)

(13)在 C650 车床中,KM3 和 KA 的触点可以换用。(　　)

(14)铣床主轴的主运动和工作台进给运动都是由主轴电动机拖动的。(　　)

(15)铣床主轴电动机要求能在两处实行起停控制操作。(　　)

(16)铣床要求工作台电动机启动以后,主轴电动机方能启动工作。(　　)

(17)主轴与工作台电动机能瞬时冲动至合适的位置,保证齿轮能正常啮合。(　　)

(18)铣床控制电路 KM1(8-13)触点断开,工作台将不能工作。(　　)

(19)铣床圆工作台工作时将 SQ1、SQ2、SQ3、SQ4 的常开触点串联起来。(　　)

4. 简答题

(1)请叙述 C650-2 车床在按下反向启动按钮 SB4 后的启动工作过程。

(2)在 C650-2 车床电气控制电路中,可以用 KM3 的辅助触点替代 KA 的触点吗? 为什么?

(3)C650-2 车床主轴电动机,若发生下列故障,请分别分析其故障原因。

①主轴电动机不能点动及正转,且反转时无反接制动。

②主轴电动机正反转均不能自锁。

(4)Z3040B 钻床的控制电路中,行程开关 SQ1、SQ2 各有何作用?

(5)分析 Z3040B 钻床电路,中间继电器 KA 的作用是什么?

(6)Z3040 钻床电路中,若发生下列故障,请分别分析其故障原因。

①电源有指示,但所有电动机均不能工作,且伴有嗡嗡声

②主轴箱能夹紧,立柱、主轴箱都能松开,但松开按钮 SB3,主轴箱又立刻夹紧。

(7)在 X62W 铣床电路中,电磁阀 YA 的作用是什么?

(8)在 X62W 铣床电路中,行程开关 SQ1、SQ2、SQ3、SQ4、SQ6、SQ7 的作用是什么? 它们与机械手柄有何联系?

(9)X62W 铣床电气控制具有哪些联锁与保护? 是如何实现的?

(10)请叙述 X62W 铣床控制电路中圆工作台控制过程及联锁保护原理。

(11)X62W 铣床控制电路中,若发生下列故障,请分别分析其故障原因。

①主轴不能启动。

②主轴停车时,正、反方向都没有制动作用。

项目四 PLC 基本指令应用

学习目标

1. 掌握 PLC 输入继电器 X 和输出继电器 Y 的结构和用法。
2. 掌握 PLC 的内部辅助继电器(M)、定时器(T)、计数器(C)的用法。
3. 了解梯形图的编程规则。
4. 能用基本指令设计 PLC 梯形图。
5. 会绘制 PLC 接线图。
6. 能根据 PLC 接线图接线。
7. 会 PLC 梯形图程序调试。

任务一 工作台自动往返循环 PLC 控制

任务描述

工作台自动往返循环运行示意图如图 4 - 1 所示。工作台在行程开关 SQ1 和 SQ2 之间自动往复运行工作。工作台可以在任意位置向任一方向启动运行,在任何位置,均可按停止按钮使其停车,再次启动后,重复上述动作。工作台自动循环往复运行控制对实际生产非常实用,是常用的生产设备,如机床的工作台。它运行正常与否,对生产影响很大,该控制系统具有简单可靠等优点。用 PLC 程序实现工作台自动循环往复运行控制,具有程序设计简易、方便、可靠性高等特点。

图 4 - 1 工作台自动往返循环运行示意图

知识准备

1. PLC 基本结构

PLC 以微处理器为核心,其结构组成主要包括中央处理器(CPU)、存储器、I/O 接口电路、电源、I/O 扩展接口、外围设备接口等,PLC 外形图如图 4 - 2 所示。编程接线插座边上有内置 RUN/STOP 开关。其内部采用总线结构进行数据和指令的传输。外部的各种信号送入 PLC 的输入接口,在 PLC 内部进行逻辑运算或数据处理,最后以输出变量的形式经输出接口,驱动输出设备进行各种控制。

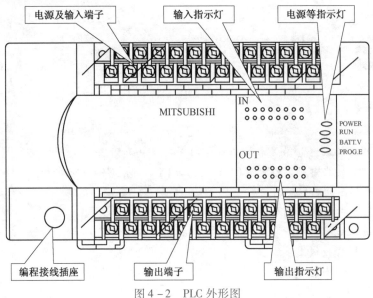

图 4 - 2　PLC 外形图

2. 工作原理

PLC 采用循环扫描的工作方式。从第一条指令开始,按顺序逐条地执行用户程序,直至遇到结束符,完成一次扫描,然后再返回第一条指令,开始新一轮扫描,这样周而复始地反复进行。PLC 每进行一次扫描循环所用的时间称为扫描周期。通常一个扫描周期约为几十毫秒。影响扫描周期的主要因素:一是 CPU 执行指令的速度;二是执行每条指令所占用的时间;三是程序中指令条数的多少。在 PLC 的一个扫描周期中主要有输入采样、程序执行和输出处理三个阶段。

3. 梯形图

PLC 即可编程控制器(programmable logic controller),常用编程语言为梯形图,属图形编程语言,与继电器-接触器控制电路的形式非常相似,形象直观,易于理解,是目前最常用的 PLC 编程语言。

梯形图程序由若干梯级组成,自上而下,从左向右编程。梯形图编程起于左母线—触点—线圈—止于右母线,右母线可省略,如图 4 -3(a)所示。PLC 程序可以用指令助记符编程表示,类似计算机汇编语言,书写形式:步序号　指令助记符　操作元件号,如图 4 -3(b)所示。另外,还有状态转移图、逻辑功能图和高级语言等,重点掌握梯形图程序和状态转移图编程。

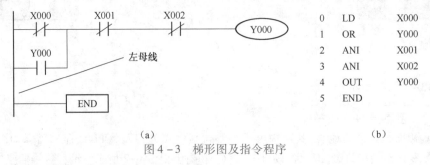

(a)　　　　　　　　　　　　　　　　　　　(b)

图 4 -3　梯形图及指令程序

4. 输入继电器 X

输入接口电路由光耦合器和输入电路组成,光耦合器输入电路的作用是隔离输入信号,防止现场的强电干扰进入微机。各种PLC的输入电路基本相同,输入电路通常有直流输入、交流输入两种基本类型。采用单向二极管光耦合器的直流输入接口电路如图4－4所示。采用双向二极管光耦合器的输入电路既可用于直流输入也可用于交流输入。

输入继电器用于PLC接收外界的输入信号。输入继电器不能用程序驱动,只能由输入信号驱动。输入继电器的地址编号采用八进制,符号为X,编号范围为X0～X267。

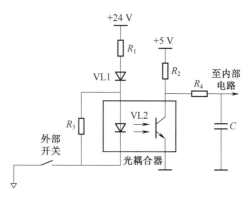

图4－4　直流输入接口电路

5. 输出继电器Y

输出接口电路有继电器输出型、晶体管输出型和晶闸管输出型三种。其中,继电器输出型为有触点的输出,可用于直流或低频交流负载;晶体管输出型和晶闸管输出型都是无触点的输出,前者适用于高速、小功率直流负载,后者适用于高速、大功率交流负载。常用输出接口电路是继电器输出型和晶体管输出型,如图4－5所示。

输出继电器的功能用于供PLC将程序执行结果传送给外部负载。输出继电器只能用程序驱动。输出继电器地址编号采用八进制,符号为Y,编号范围为Y0～Y267。

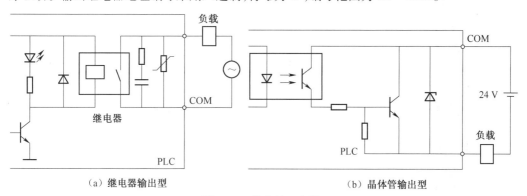

（a）继电器输出型　　　　　　　　　　（b）晶体管输出型

图4－5　输出接口电路

6. 输入/输出点工作说明

如图4－6所示,在PLC控制中,输入继电器X的线圈是虚拟的,并不真实存在,无论是在PLC实物上,还是在PLC梯形图中都是看不见的,是想象中的。想象有这么一个线圈。一旦外部控制点闭合,如按钮、行程开关等,虚拟线圈得电,用于梯形图程序控制的输入继电器X的常开触点闭合,常闭触点断开。而且在梯形图程序中使用的输入继电器的常开触点及常闭触点的数量不受限制。在梯形图程序中其他继电器的常开触点及常闭触点使用数量同样不受限制,这给梯形图程序设计带来了极大的方便。

当梯形图中输出继电器的线圈Y得电时,除梯形图中的输出继电器的常开触点闭合和常闭触点断开外,输出继电器的线圈Y控制的外部触点接通,外部控制灯点亮或外部接触器线圈得电。PLC外部控制触点是真实存在的,或是继电器的点,或是晶体管的集电结。

从FX系列PLC型号上也能看出PLC的输入/输出总的点数。例如,型号FX2N－48MR,输入/输出总点数48点,其中输入24点,输出24点。

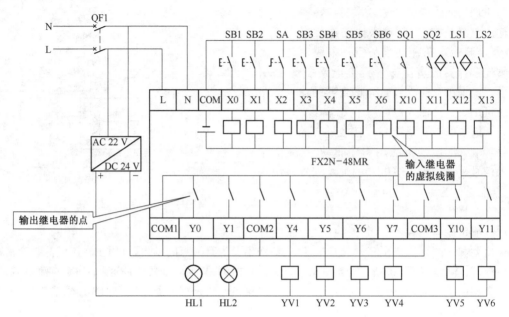

图 4-6　输入输出接口电路

7. FX 系列 PLC 基本指令

1）LD/LDI（取/取反指令）

功能：单个常开/常闭触点与母线（左母线、分支母线等）相连接，如图 4-7 所示。

操作元件：X、Y、M、T、C、S。

2）OUT[驱动线圈（输出）指令]

```
0    LD    X000
1    OUT   Y000
2    LDI   X001
3    OUT   Y001
```

图 4-7　LD/LDI/OUT 指令基本编程应用

功能：驱动线圈。

操作元件：Y、M、T、C、S。

3）AND/ANI（与/与反指令）

功能：串联单个常开/常闭触点。

4）OR/ORI（或/或反指令）

功能：并联单个常开/常闭触点。

5）END（结束指令）

放在全部程序结束处，程序运行时执行第一步至 END 之间的程序，如图 4-8 所示。

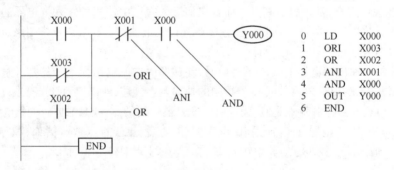

```
0    LD    X000
1    ORI   X003
2    OR    X002
3    ANI   X001
4    AND   X000
5    OUT   Y000
6    END
```

图 4-8　梯形图及指令程序应用举例

任务实现

1. I/O 分配

输入：

X000——正向启动按钮 SB1　　　　　X001——反向启动按钮 SB2

X002——停止按钮 SB3　　　　　　　X003——正向换向行程开关 SQ1

X004——反向换向行程开关 SQ2　　　X005——正反向限位行程开关 SQ3、SQ4

X006——热继电器 FR

输出：

Y000——正转接触器 KM1　　　　　Y001——反转接触器 KM2

2. 绘制工作台控制 PLC 的 I/O 接线图

工作台控制 PLC 接线图如图 4-9 所示。PLC 取代的是继电器-接触器的控制电路，不是主电路，本书后面将省略主电路。

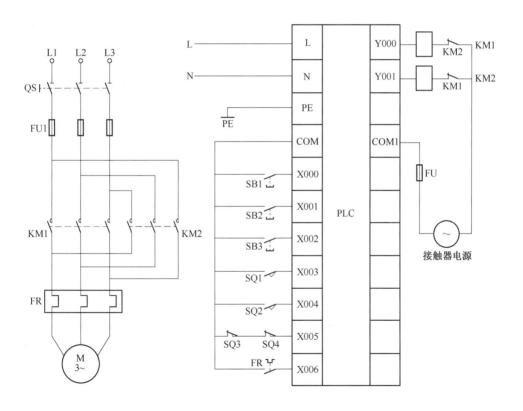

图 4-9　工作台控制 PLC 接线图

3. 编制工作台自动循环往复运行 PLC 控制的梯形图程序

工作台自动循环往复运行 PLC 控制的梯形图程序如图 4-10 所示。

4. 程序分析

①步 0~步 9，按下正向启动按钮 SB1，X000 接通，Y000 得电，电动机正转，工作台正向运行，Y000 常开触点闭合自锁。运行到终点碰到终点行程开关 SQ1，X003 常闭触点断开，Y000 失电，工作台停止正向运行。

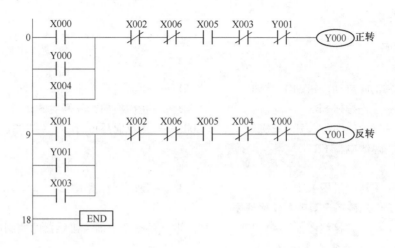

图 4 – 10　工作台自动循环往复运行控制 PLC 梯形图

②步 9 ~ 步 18,碰到终点行程开关 SQ1,X003 常开触点接通,Y001 得电,电动机反转,工作台反向。运行到反向终点碰到终点行程开关 SQ2,X004 常闭触点断开,Y001 失电,工作台停止反向运行。

③碰到终点行程开关 SQ2,X004 常开触点接通,Y000 再次得电,电动机再次正转,工作台正向运行,周而复始往返运行。

④按下反向启动按钮,工作原理分析相同。按下停止按钮 SB3,X002 断开,或电动机过载,热继电器 FR 接通,X006 断开,或超行程碰到 SQ3、SQ4 行程开关,X005 常开触点断开,工作台停止运行。

5. 程序调试

注意:接好线,下载好程序,调试时,将 PLC 软件界面设置为监控状态。调试中每一步要注意监控程序中各个点及线圈的变化。调试时,一定要软硬件对照调试,这样才能发现问题,及时修改程序。调试步骤中,带点的开关为接通状态;实心点的继电器为通电状态,空心的为断电状态。后续项目调试皆如此。

▶ 步骤 0:未启动状态,如图 4 – 11 所示。(开关状态:向上闭合,向下断开,以下同。)

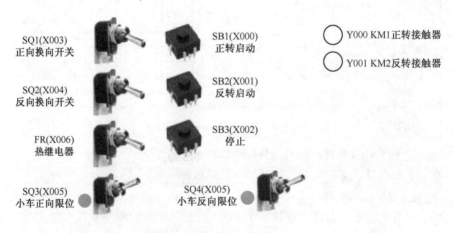

图 4 – 11　步骤 0 状态

▶ 步骤1:按下正向启动按钮 SB1,电动机正向启动运行,如图 4 – 12 所示。

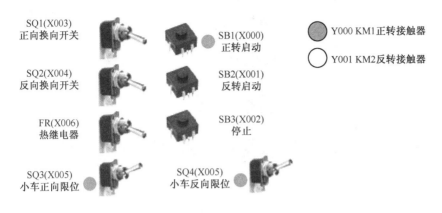

图 4 – 12   步骤 1 状态

▶ 步骤2:松开正向启动按钮 SB1,电动机保持正向运行,如图 4 – 13 所示。

图 4 – 13   步骤 2 状态

▶ 步骤3:合上正向换向开关 SQ1,电动机反转,如图 4 – 14 所示。

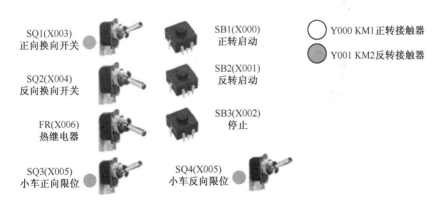

图 4 – 14   步骤 3 状态

▶ 步骤4:断开正向换向开关 SQ1,电动机反转运行,如图 4 – 15 所示。

注意:每次完成换向后,换向开关恢复原位。

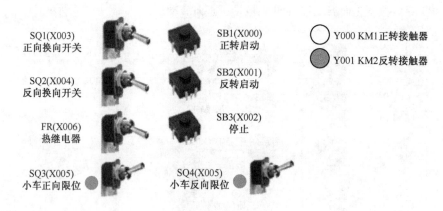

图 4 - 15 步骤 4 状态

▶ 步骤 5：合上正向换向开关 SQ2，电动机正转，如图 4 - 16 所示。

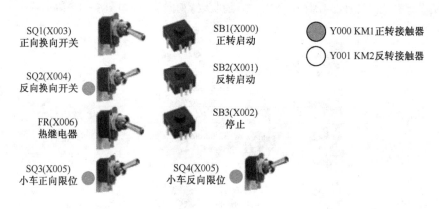

图 4 - 16 步骤 5 状态

▶ 步骤 6：断开正向换向开关 SQ2，电动机正转运行，如图 4 - 17 所示。

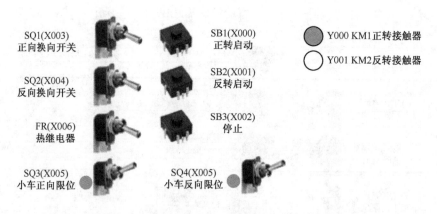

图 4 - 17 步骤 6 状态

注意：每次完成换向后，换向开关恢复原位，通断 SQ1、SQ2 开关可控制往返运行。

▶ 步骤 7：按下停止按钮 SB3，或合上热继电器 FR，电动机停止运行，如图 4 - 18 所示。

▶ 步骤 8：断开 SQ3 或 SQ4，X005 常开触点断开，电动机停止运行，如图 4 - 19 所示。

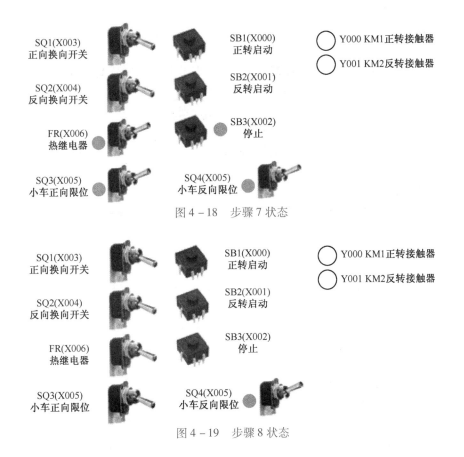

图 4 - 18　步骤 7 状态

图 4 - 19　步骤 8 状态

任务二　三相异步电动机星-三角(丫-△)启动 PLC 控制

任务描述

继电器-接触器控制系统,具有电气元件较多、电路复杂、可靠性差、电气故障频繁等缺点。用 PLC 控制取代继电器-接触器控制,可使系统操作维护方便,降低设备故障率。本任务用 PLC 的基本指令和定时器实现丫-△启动控制,从中掌握 PLC 定时器的用法。主电路工作原理不变,如图 4-20 所示。启动时,接触器 KM2 闭合,定子绕组接成丫,待转速上升到接近额定转速时,KM2 断开,KM3 闭合,将定子绕组换接成△。

图 4 - 20　三相异步电动机丫-△转换原理图

知识准备

定时器用于定时操作,起延时接通和断开电路的作用。定时器就是对 PLC 中的 1 ms、10 ms、100 ms 等时钟脉冲进行加法计算,当驱动线圈的信号接通时,当前值开始计时,当计算结果达到设定值时,相应的定时器软元件就动作。定时器结构由地址编号线圈、内部触点、设定值寄存器(字)或当前值寄存器(字)组成。定时器地址编号采用十进制,符号为字母 T。设定值等于计时脉冲的个数,用常数 K 设定(1 ~ 32 767)。分为通用型定时器和累计型定时器。

1. 通用型定时器

通用型定时器的特点是不具备断电的保持功能,即当输入电路断开或停电时,定时器复位。工作原理如图 4 - 21 所示。

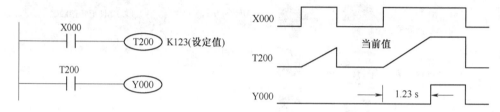

图 4 - 21　通用型定时器工作原理

①100 ms 通用定时器(T0 ~ T199)共 200 点,其中,T192 ~ T199 为子程序和中断服务程序专用定时器。这类定时器是对 100 ms 时钟累积计数,设定值为 1 ~ 32 767,所以,其定时范围为 0.1 ~ 3 276.7 s。

②10 ms 通用定时器(T200 ~ T245)共 46 点。这类定时器是对 10 ms 时钟累积计数,设定值为 1 ~ 32 767,所以,其定时范围为 0.01 ~ 327.67 s。

③1 ms 通用定时器(T256 ~ T511)共 256 点。这类定时器是对 1 ms 时钟累积计数,设定值为 1 ~ 32 767,所以其定时范围为 0.01 ~ 32.767 s。

2. 累计型定时器

累计型定时器具有计数累积的功能。在定时过程中如果断电或定时器线圈 OFF,积算定时器将保持当前的计数值(当前值),通电或定时器线圈 ON 后继续累积,即其当前值具有保持功能,只有将积算定时器复位,当前值才变为 0。工作原理如图 4 - 22 所示。

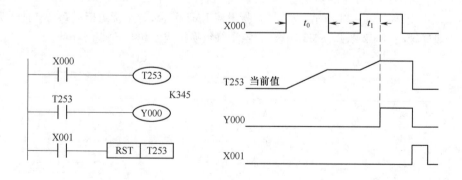

图 4 - 22　累计型定时器工作原理

①1 ms 积算定时器(T246 ~ T249)共 4 点,是对 1 ms 时钟脉冲进行累积计数的,定时的

时间范围为 0.001 ~ 32.767 s。

②100 ms 积算定时器(T250 ~ T255)共 6 点,是对 100 ms 时钟脉冲进行累积计数的,定时的时间范围为 0.1 ~ 3 276.7 s。

3. FX 系列 PLC 的基本指令

1)ANB 与块指令

功能:串联一个并联电路块,无操作元件,如图 4 - 23 所示。

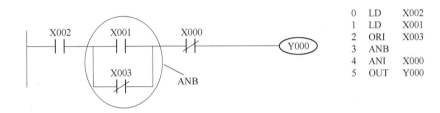

0	LD	X002
1	LD	X001
2	ORI	X003
3	ANB	
4	ANI	X000
5	OUT	Y000

图 4 - 23　ANB 指令的用法

2)ORB 或块指令

功能:并联一个串联电路块,无操作元件,如图 4 - 24 所示。

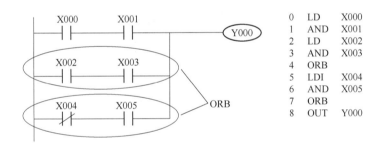

0	LD	X000
1	AND	X001
2	LD	X002
3	AND	X003
4	ORB	
5	LDI	X004
6	AND	X005
7	ORB	
8	OUT	Y000

图 4 - 24　ORB 指令的用法

3)多重输出指令(堆栈操作指令)MPS/MRD/MPP

PLC 中有 11 个堆栈存储器,用于存储中间结果,如图 4 - 25 所示。

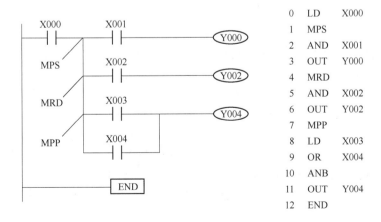

0	LD	X000
1	MPS	
2	AND	X001
3	OUT	Y000
4	MRD	
5	AND	X002
6	OUT	Y002
7	MPP	
8	LD	X003
9	OR	X004
10	ANB	
11	OUT	Y004
12	END	

图 4 - 25　堆栈操作指令

堆栈存储器的操作规则:先进栈的后出栈,后进栈的先出栈。

MPS(进栈指令):数据压入堆栈的最上面一层,栈内原有的数据依次下移一层。

MRD(读栈指令):用于读出最上层的数据,栈中各层内容不发生变化。

MPP(出栈指令):弹出最上层的数据,其他各层的内容依次上移一层。

任务实现

1. I/O 分配

输入:

X000——停止按钮 SB1 　　　　　　　　X001——启动按钮 SB2

X002——热继电器 FR

输出:

Y000——电源接触器 KM1 　　　　　　　Y001——丫连接接触器 KM2

Y002——△接接触器 KM3

2. 绘制电动机星 – 三角启动控制的 PLC 的 I/O 接线图

电动机星 – 三角启动控制的 PLC 的 I/O 接线图如图 4 – 26 所示。

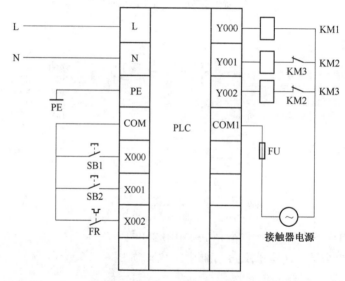

图 4 – 26　电动机星 – 三角启起控制的 PLC 的 I/O 接线图

3. 编写电动机星 – 三角启动控制的 PLC 梯形图程序

根据继电器 – 接触器电气原理图设计 PLC 梯形图可以作为 PLC 程序设计的入门方法。由丫 – △继电器-接触器控制电路转化的 PLC 梯形图程序如图 4 – 27 所示。分析方法可参照丫 – △继电器接触器控制电路的分析方法。

根据工作原理设计的电动机丫 – △降压启动控制 PLC 梯形图程序如图 4 – 28 所示。

4. 程序分析

①步 0 ~ 步 13,按下启动按钮 SB2 时,输入继电器 X001 常开触点闭合,输出继电器 Y000 得电,接触器 KM1 闭合,常开触点 Y000 自锁。定时器 T0 得电延时工作,输出继电器 Y001 线圈得电,电动机丫启动。定时器 T0 延时时间到,T0 常闭触点断开,Y001 失电,接触器 KM1 失电,丫启动结束。

②步 13 ~ 步 17,T0 常开触点闭合,定时器 T1 得电延时工作。T1 用于确保丫接触器断开。

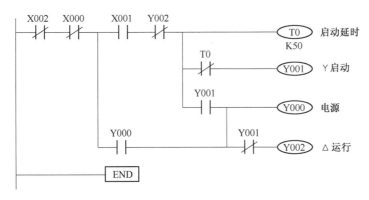

图 4-27 电动机Y-△继电器-接触器控制电路转化的 PLC 梯形图程序

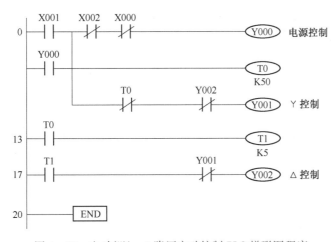

图 4-28 电动机Y-△降压启动控制 PLC 梯形图程序

③步 17～步 20,定时器 T1 延时时间到,T1 常开触点接通,输出继电器 Y002 得电,KM3 闭合,电动机转为△运行。

5. 程序调试

▶ 步骤 0:未启动状态,如图 4-29 所示。(开关状态:向上闭合,向下断开,以下同)

图 4-29 步骤 0 状态

▶ 步骤 1:按下启动按钮 SB2,KM1、KM2 得电,电动机Y启动,如图 4-30 所示。

图 4-30 步骤 1 状态

▶ 步骤2:延时到,KM1、KM3 得电,KM2 失电,电动机△运行,如图4-31 所示。

图 4-31　步骤 2 状态

▶ 步骤3:按下停止按钮 SB1,KM1、KM3 失电,电动机停止运行,如图4-32 所示。

图 4-32　步骤 3 状态

▶ 步骤4:闭合 FR,也可使 KM1、KM3 失电,电动机停止运行,相当于电动机过载,如图4-33 所示。

图 4-33　步骤 4 状态

任务三　电动机的正反向运动及三次循环控制

任务描述

电动机正转5 s反转3 s,反复三次后自动结束。从这些要求看出,电动机需要正反两个方向运行,两个方向之间用时间进行控制和衔接,每次正转5 s反转3 s 为一个小周期,连续三个周期后自动结束。这需要用到 PLC 的定时控制和计数控制。本任务用 PLC 的定时器和计数器指令实现电动机的正反向运动及三次循环控制,从中掌握 PLC 计数器的用法。

知识准备

1.PLC 的计数器 C

计数器的功能是对内部元件 X、Y、M、S、T、C 的信号进行计数。计数器的结构由线圈、触点、设定值寄存器、当前值寄存器构成。计数器地址编号采用十进制,符号为字母 C,计数器地址编号为 C0 ~ C255。计数器设定值等于计数脉冲的个数,用常数 K 设定。

电动机正反向
运动及3次循
环PLC控制

原理:计数信号每接通一次(上升沿到来),加计数器的当前值加 1,当前值达到设定值时,计数器触点动作;复位信号接通时计数器复位。

计数器处于复位状态时,当前值清 0,触点复位,且不计数。

16 位低速计数器:

通用加计数器:C0 ~ C99(100 点);设定值区间为 K1 ~ K32767。通用型 16 位加计数器计数过程如图 4 – 34 所示。

停电保持加计数器:C100 ~ C199(100 点);设定值区间为 K1 ~ K32767。

特点:停电保持加计数器在外界停电后能保持当前计数值不变,恢复来电时能累计计数。

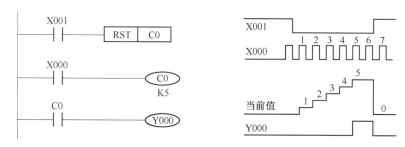

图 4 – 34　通用型 16 位加计数器计数过程

2. 指令学习

SET:置位指令;RST:复位指令。

功能:SET 使操作元件置位(接通并自保),RST 使操作元件复位。工作原理如图 4 – 35 所示。

注意:当 SET 和 RST 信号同时接通时,RST 指令有效。

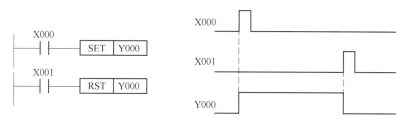

图 4 – 35　SET/RST(置位/复位)指令基本编程应用

任务实现

1. I/O 分配

输入:

X000——启动按钮 SB1　　　　X001——停止按钮 SB2

X002——热继电器 FR

输出:

Y000——正转接触器 KM1　　　Y001——反转接触器 KM2

2. 绘制电动机正反向运动及三次循环控制 PLC 的 I/O 接线图

电动机正反向运动及三次循环控制 PLC 的 I/O 接线图如图 4 – 36 所示。

3. 编写电动机正反向运动及三次循环控制的 PLC 梯形图程序

电动机正反向运动及三次循环控制的 PLC 梯形图程序如图 4 – 37 所示。

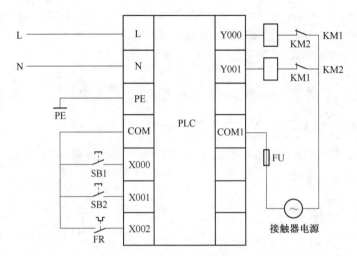

图 4 - 36 电动机正反向运动及三次循环控制 PLC 的 I/O 接线图

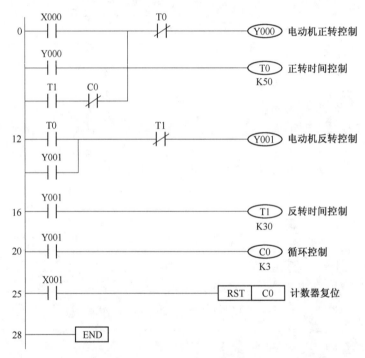

图 4 - 37 电动机正反向运动及三次循环控制的 PLC 梯形图程序

4. 程序分析

①步 0 ~ 步 12，按下启动按钮 SB1，X000 接通，Y000 得电，电动机正转，常开触点闭合自锁。定时器 T0 开始延时工作。T0 时间到，其常闭触点断开，Y000 失电，电动机停止正转。

②步 12 ~ 步 16，T0 常开触点闭合，Y001 得电，电动机反转。Y001 常开触点闭合自锁。

③步 16 ~ 步 20，Y001 常开触点闭合，定时器 T1 延时工作。T1 时间到，步 12 ~ 步 16 中 T1 常闭触点断开，Y001 失电，电动机停止反转。步 0 ~ 步 12 中 T1 常开触点闭合，Y000 得电，电动机再次得电正转。

④步 20 ~ 步 25，Y001 上升沿脉冲触点闭合，C0 计数一次，当电动机正反运转三次，C0 计数到，其步 0 ~ 步 12 中常闭触点断开，电动机停止循环运转。

⑤步 25 ～步 28,按下停止按钮,C0 复位,电动机等待再次启动。

5. 程序调试

▶ 步骤 0:未启动状态,如图 4 – 38 所示。

图 4 – 38 步骤 0 状态

▶ 步骤 1:按下启动按钮,KM1 得电,电动机正转,如图 4 – 39 所示。

图 4 – 39 步骤 1 状态

▶ 步骤 2:5 s 后,KM2 得电,电动机自动反转,如图 4 – 40 所示。

图 4 – 40 步骤 2 状态

▶ 步骤 3:3 s 后,KM1 得电,电动机再次正转,如图 4 – 41 所示。

图 4 – 41 步骤 3 状态

▶ 步骤 4:5 s 后,KM2 得电,电动机再次反转,如图 4 – 42 所示。

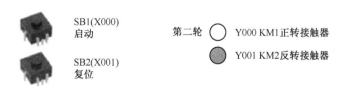

图 4 – 42 步骤 4 状态

▶ 步骤5:3 s 后,KM1 得电,电动机第三次正转,如图 4 - 43 所示。

图 4 - 43 步骤 5 状态

▶ 步骤6:5 s 后,KM2 得电,电动机第三次反转,如图 4 - 44 所示。

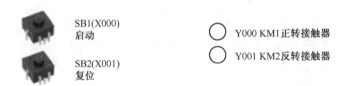

图 4 - 44 步骤 6 状态

▶ 步骤7:3 s 后,KM2 失电,电动机自动停止运行,如图 4 - 45 所示。

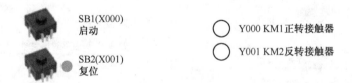

图 4 - 45 步骤 7 状态

▶ 步骤 8:如再次运行电动机,需要先按下复位按钮,否则只运行一轮便自动停止,如图 4 - 46 所示。

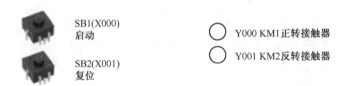

图 4 - 46 步骤 8 状态

任务四 多种液体自动混合装置的 PLC 控制

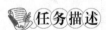 任务描述

如图 4 - 47 所示,初始状态容器是空的,YV1,YV2,YV3,YV4 电磁阀均为 OFF,搅拌电动机 M 停止,液面传感器 SL1,SL2,SL3 均为 OFF。

启动操作。按下启动按钮,开始下列操作:

①电磁阀 YV1 闭合(YV1 = ON),开始注入液体 A,至液面高度为 SL3(SL3 = ON)时,停止注入液体 A(YV1 = OFF),同时开启液体 B 电磁阀 YV2(YV2 = ON)注入液体 B,当液面高度为 SL2(SL2 = ON)时,停止注入液体 B(YV2 = OFF),同时开启液体 C 电磁阀 YV3(YV3 = ON)注入液体 C,当液面高度为 SL1(SL1 = ON)时,停止注入液体 C(YV3 = OFF)。

②停止液体 C 注入后,开启搅拌电动机 M(M = ON),搅拌混合时间为 30 s。

③停止搅拌后电炉 EH 开始加热(EH = ON)。当混合液温度达到某一指定值时,温度传感器 ST 动作(ST = ON),电炉 EH 停止加热(EH = OFF)。

④开始放出混合液体(YV4 = ON),至液面高度降为 SL3 后,再经 4 s 停止放出(YV4 = OFF)。

停止操作。按下停止键后,系统并不立即停止工作,而是完成整体工作回到初始状态,只是不再循环。

本任务采用 PLC 实现多种液体自动混合装置的控制。用到了 PLC 辅助继电器 M。通过本任务,学习 PLC 辅助继电器的使用及梯形图的编程规则。

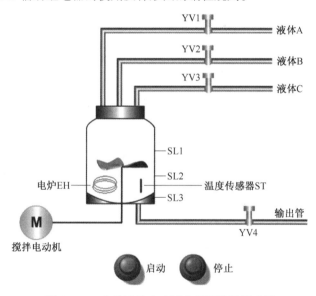

图 4 - 47　多种液体自动混合搅拌装置示意图

知识准备

1. 辅助继电器

辅助继电器(M)用于 PLC 内部编程,其线圈和触点只能在程序中使用,不能直接对外输入/输出,经常用作状态暂存等。辅助继电器采用十进制地址编号,符号为字母 M。

辅助继电器分为以下几类:

①通用辅助继电器 M0 ~ M499(500 点)。

②断电保持辅助继电器 M500 ~ M1023(524 点)。装有后备电池,用于保存停电前的状态,并在运行时再现该状态的情形。

特殊辅助继电器 M8000 ~ M8255(256 点)。系统规定了专门用途,使用时查产品说明书即可。线圈由 PLC 自行驱动,用户可直接利用触点,如 M8000(运行监控)、M8002(初始脉冲)、M8013(1 s 时钟脉冲)等。用户驱动线圈后,PLC 做特定的动作,如 M8033 指 PLC 停止时输出保持,M8034 指 PLC 禁止全部输出等。

多种液体自动
混合装置的
PLC控制

2. 梯形图的编程规则

尽管梯形图与继电器电路图在结构形式、元件符号及逻辑控制功能等方面相类似,但它们又有许多不同之处,梯形图具有自己的编程规则。

①每一逻辑行总是起于左母线,然后是触点的连接,最后终止于线圈或右母线(右母线可以不画出)。注意:左母线与线圈之间一定要有触点,而线圈与右母线之间则不能有任何触点。

②梯形图中的触点可以任意串联或并联,但继电器线圈只能并联而不能串联。

③触点的使用次数不受限制。

④一般情况下,在梯形图中同一线圈只能出现一次。如果在程序中,同一线圈使用了两次或多次,称为"双线圈输出"。对于"双线圈输出",有些 PLC 将其视为语法错误,绝对不允许;有些 PLC 则将前面的输出视为无效,只有最后一次输出有效;而有些 PLC,在含有跳转指令或步进指令的梯形图中允许双线圈输出。

⑤对于不可编程梯形图必须通过等效变换,变成可编程梯形图,如图 4 - 48 所示。

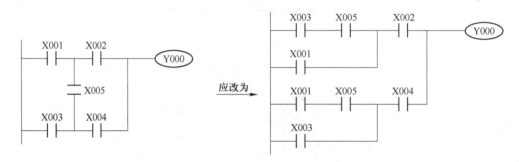

图 4 - 48　梯形图编程规则一

⑥在有几个串联电路相并联时,应将串联触点多的回路放在上方,如图 4 - 49(a)所示;在有几个并联电路相串联时,应将并联触点多的回路放在左方,如图 4 - 49(b)所示。这样,所编制的程序简洁明了,语句较少。

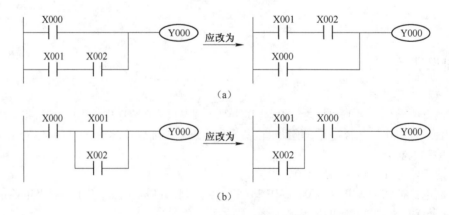

图 4 - 49　梯形图编程规则二

另外,在设计梯形图时输入继电器的触点状态最好按输入设备全部为常开进行设计更为合适,不易出错。建议尽可能用输入设备的常开触点与 PLC 输入端连接,如果某些信号只能用常闭输入,可先按输入设备为常开来设计,然后将梯形图中对应的输入继电器触点取反

（常开改成常闭、常闭改成常开）。

3. 指令学习

脉冲输出指令：PLS（上升沿微分指令）；PLF（下降沿微分指令）。

功能：当驱动信号的上升沿到来时，执行 PLS 指令时，操作元件接通一个扫描周期。当驱动信号的下降沿到来时，执行 PLF 指令时，操作元件接通一个扫描周期。工作原理如图4 - 50 所示。

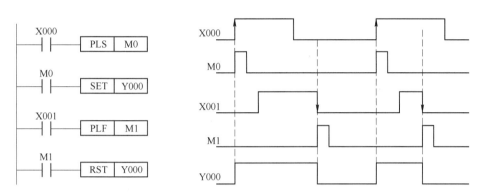

图4 - 50　脉冲输出指令 PLS/PLF 编程应用

另外，脉冲输出触点—|↑|—、—|↓|—，使该触点具有接通一个扫描周期的功能。

任务实现

1. I/O 地址分配

输入：

X000——SB1 启动按钮　　　　　　X001——SB2 停止按钮

X002——SL1 液位计接点 K1　　　　X003——SL2 液位计接点 K2

X004——SL3 液位计接点 K3　　　　X005——温度传感器接点 T

输出：

Y000——YV1 电磁阀控制　　　　　Y001——YV2 电磁阀控制

Y002——YV3 电磁阀控制　　　　　Y003——YV4 电磁阀控制

Y004——KM1 搅拌电动机控制　　　Y005——KM2 电炉控制控制

2. 绘制多种液体自动混合装置 PLC 的 I/O 接线图

多种液体自动混合装置 PLC 的 I/O 接线图如图 4 - 51 所示。

3. 编写多种液体自动混合装置 PLC 梯形图程序

多种液体自动混合装置 PLC 梯形图程序如图 4 - 52 所示。

4. 程序分析

①步 0 ~ 步 7，按下启动按钮，Y000 得电，VY1 电磁阀接通，Y000 常开触点闭合自锁，放出液体 A；至液面高度为 SL3 时，X004 常闭触点断开，停止注入液体 A。

②步 7 ~ 步 12，X004 常开触点接通，Y001 得电，开启液体 B 电磁阀 YV2，注入液体 B，当液面高度为 SL2 时，X003 常闭触点断开，停止注入液体 B。

③步 12 ~ 步 17，X003 常开触点接通，Y002 得电，开启液体 C 电磁阀 YV3，注入液体 C，当液面高度为 SL1 时，X002 常闭触点断开，停止注入液体 C。

④步 17 ~ 步 27，上升沿触点 X002 常开触点接通，Y004 得电，搅拌电动机工作。同时，

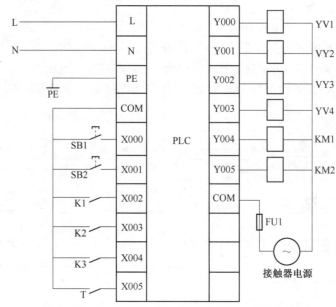

图 4-51 多种液体自动混合装置 PLC 的 I/O 接线图

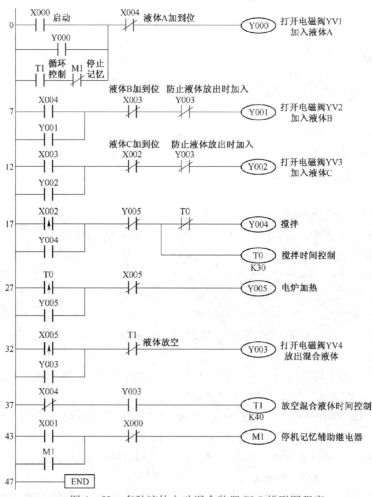

图 4-52 多种液体自动混合装置 PLC 梯形图程序

定时器 T0 得电开始延时工作,当 T0 时间到时,搅拌电动机机停止工作。

⑤步 27 ~ 步 32,T0 常开触点接通,Y005 得电,混合液开始加热。

⑥步 32 ~ 步 37,当温度到时,X005 常闭触点断开,液体停止加热;X005 常开触点接通,Y003 得电,Y003 常开触点闭合自锁,打开电磁阀 YV4,放出混合液体。

⑦步 37 ~ 步 43,液面高度降至 SL3,X004 常闭触点闭合,定时器 T1 得电,控制混合液体放出结束时间。当 T1 时间到,步 32 ~ 步 37 中的 T1 常闭触点断开,Y003 失电,关闭电磁阀 YV4,停止放出液体。步 0 ~ 步 7 中,T1 常开触点接通,Y000 再次得电,系统重新开始工作。

⑧步 43 ~ 步 47,按下停止按钮 SB2,M1 得电,M1 常开触点闭合自锁。步 0 ~ 步 7 中的 M1 常闭触点断开。当 T1 时间到,步 0 ~ 步 7 中 T1 常开触点虽然接通,但 M1 常闭触点断开,Y000 不能再次得电,系统停止混合搅拌工作。

采用此种停止方式可以保证,按下停止按钮后,所有混合液体放出后系统才结束工作。

5. 程序调试

▶ 步骤 0:未启动状态,如图 4 − 53 所示。(开关状态:向上闭合,向下断开,以下同)

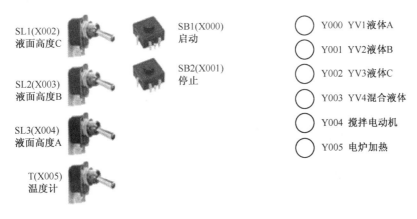

图 4 − 53 步骤 0 状态

▶ 步骤 1:按下启动按钮 SB1,X000 接通,Y000 得电,YV1 电磁阀得电打开,加入液体 A,如图 4 − 54 所示。

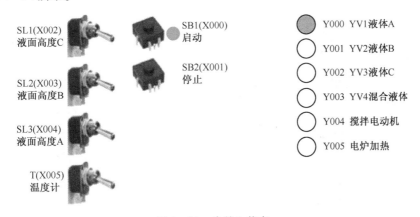

图 4 − 54 步骤 1 状态

▶ 步骤 2:液体加到 SL3 高度,合上 SL3 开关,X004 常闭触点断开,Y000 失电,电磁阀 YV1 失电关闭,停止加入液体 A。X004 常开触点接通,Y001 得电,YV2 电磁阀得电打开,加入液体 B,如图 4 – 55 所示。

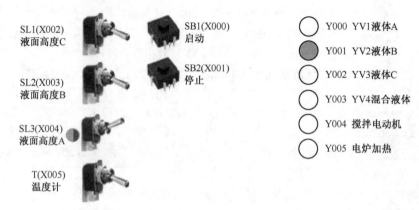

图 4 – 55　步骤 2 状态

▶ 步骤 3:液体加到 SL2 高度,合上 SL2 开关,X003 常闭触点断开,Y001 失电,电磁阀 YV2 失电关闭,停止加入液体 B。X003 常开触点接通,Y002 得电,YV3 电磁阀得电打开,加入液体 C,如图 4 – 56 所示。

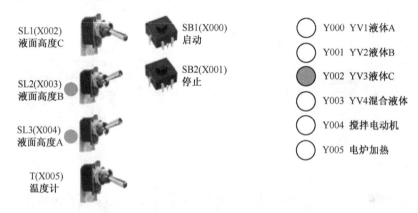

图 4 – 56　步骤 3 状态

▶ 步骤 4:液体加到 SL1 高度,合上 SL1 开关,X002 常闭触点断开,Y002 失电,电磁阀 YV3 失电关闭,停止加入液体。X002 常开触点接通,Y004 得电,搅拌电动机控制接触器 KM1 线圈得电,搅拌电动机工作,如图 4 – 57 所示。

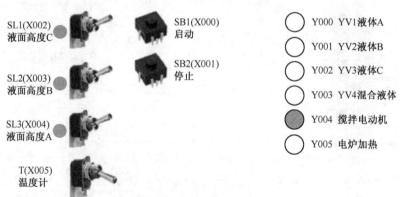

图 4 – 57　步骤 4 状态

⊙ 步骤 5：搅拌时间到，T0 常闭触点断开，Y004 失电，搅拌电动机停止搅拌。T0 常开触点接通，Y005 得电，电炉控制接触器 KM2 得电，电炉开始加热，如图 4-58 所示。

图 4-58 步骤 5 状态

⊙ 步骤 6：电炉加热温度到，温度计 T 动作，X005 常闭触点断开，Y005 失电，电炉停止加热；X005 常开触点接通，Y003 得电，打开电磁阀 YV4，放出混合液体，如图 4-59 所示。

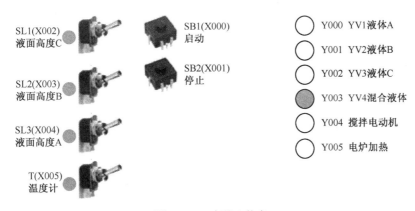

图 4-59 步骤 6 状态

⊙ 步骤 7：液体放出，液面逐渐降低，降到 SL1 高度，断开 SL1，如图 4-60 所示。

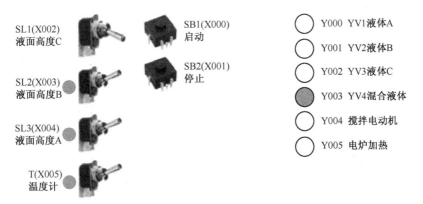

图 4-60 步骤 7 状态

⊙ 步骤 8：液面逐渐降低，降到 SL2 高度，断开 SL2，如图 4-61 所示。

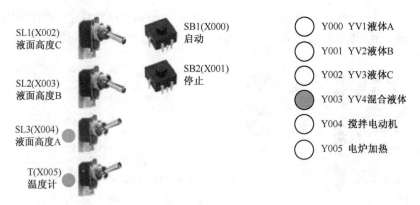

图 4-61 步骤 8 状态

⏵ 步骤9:液面逐渐降低,降到 SL3 高度,断开 SL3,X004 常闭触点闭合,接通残余液体放出时间控制 T1。同时,温度计断开 T。YV4 继续打开,放出残余液体,如图 4-62 所示。

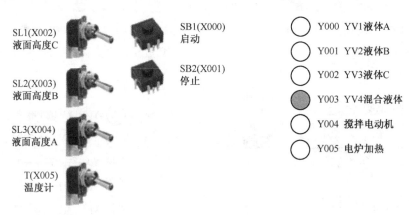

图 4-62 步骤 9 状态

⏵ 步骤10:放出残余液体时间到,T1 常闭触点断开,Y003 失电,关闭电磁阀 YV4。T1 常开触点闭合,接通 Y000,打开电磁阀 YV1,开始新一轮循环,如图 4-63 所示。

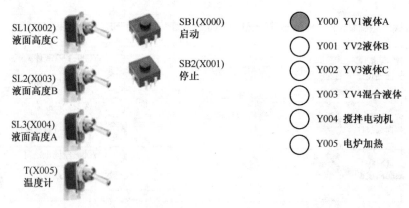

图 4-63 步骤 10 状态

注意:系统工作中的任何时间按下停止按钮 SB2,系统并不立即停止,而是继续工作,直到关闭 YV4 后结束本轮工作系统才停止,不再循环。

任务五 进库物品的统计监控

任务描述

一小型仓库,仓库的货物每天既有进库的,也有出库的,需要对每天进出的货物进行统计,当货物数量达到 150 件时,仓库监控室的绿灯亮,提示仓库将满;当货物数量达到 200 件时,仓库监控室的红灯以 1 s 频率闪烁报警,告知仓库已满,不能再存放货物。用 PLC 双向计数器完成此任务设计。

知识准备

1. 32 位加减双向计数器(设定值 −2 147 483 648 ~ 2 147 483 647)

通用加减计数器:C200 ~ C219 共 20 点。

保持加减计数器:C220 ~ C234 共 15 点。

计数方向由特殊辅助继电器 M8200 ~ M8234 设定。

加减计数方式设定:对于 C△△△,当 M8△△△ 接通(置 1)时,为减计数器;断开(置 0)时,为加计数器。(△△△ 表示加减计数器和特殊继电器后三位编号)

计数值设定:直接用常数 K 或间接用数据寄存器 D 的内容作为计数值。间接设定时,要用元件号紧连在一起的两个数据寄存器。32 位加减计数器计数过程如图 4 – 64、图 4 – 65 所示。

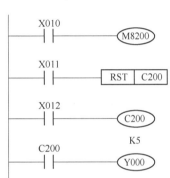

进库物品的统计监控PLC控制

图 4 – 64 32 位加减计数器梯形图

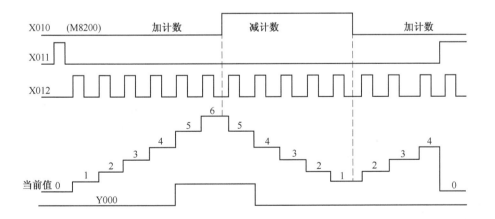

图 4 – 65 32 位加减计数器计数过程

2. 通用计数器的自复位电路

通用计数器的自复位电路如图 4 – 66 所示。

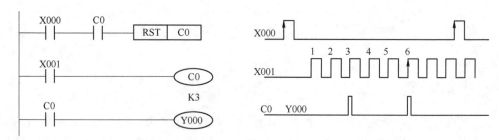

图 4 - 66 通用计数器的自复位电路

任务实现

1. I/O 分配

输入：

X000——监控启动(计数复位)按钮 SB　　X001——物品进出库检测传感器 K1

X002——进出库判断传感器 K2

输出：

Y000——监控室绿灯 L0　　　　　　　　Y001——监控室红灯 L1

2. 绘制进库物品统计监控 PLC 的 I/O 接线图

进库物品统计监控 PLC 的 I/O 接线图如图 4 - 67 所示。

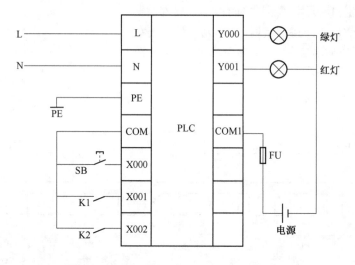

图 4 - 67　进库物品统计监控 PLC 的 I/O 接线图

3. 进库物品统计监控 PLC 梯形图程序

进库物品统计监控 PLC 梯形图程序如图 4 - 68 所示。

4. 程序分析

①步 0 ~ 步 6，PLC 送电，M8002 接通一个扫描周期，C200、C201 复位。或按下启动(复位)按钮，X000 接通，计数器 C200、C201 复位，为货物计数做准备。

②步 6 ~ 步 11，当进货时，K2 断开，X002 断开，M8200、M8201 失电，计数器 C200、C201 为加计数器；当出货时，K2 合上，X002 接通，M8200、M8201 得电，计数器 C200、C201 为减计数器。

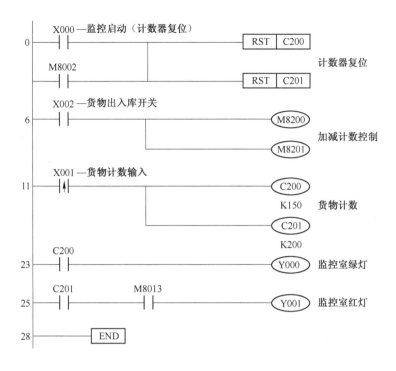

图 4 - 68　进库物品统计监控 PLC 梯形图程序

③步 11 ~ 步 23,当 K2 断开时,每有一货物到来,亦即 K1 接通一次,C200、C201 各加 1 一次;当 K2 接通时,每有一货物到来,亦即 K1 接通一次,C200、C201 各减 1 一次。

④步 23 ~ 步 25,当货物数量达到 150 件时,C200 计数达到设定值,Y000 得电,仓库监控室的绿灯亮,提示货物将满。

⑤步 25 ~ 步 28,当货物数量达到 200 件时,C201 计数到,M8013 为秒脉冲,Y001 随 M8013 秒脉冲周期通断,仓库监控室红灯以 1 s 频率闪烁报警,表示仓库货物已满。

5. 程序调试

⏵ **步骤 0**:未启动状态,如图 4 - 69 所示。在 K2 未闭合时,每按一次 K1,计数器 C200、C201 数值均加 1。(开关状态:向上闭合,向下断开,以下同)

图 4 - 69　步骤 0 状态

注意:将 C200 和 C201 设定值分别修改为 15 和 20,因为调试调的是系统的功能,不需达到规定的数量值。

⏵ **步骤 1**:在开关 K2 断开的情况下每扳动一次 K1,计数器 C200、C201 加 1,当计数器 C200 数值加到 15 时,C200 常开触点接通,Y000 得电,绿灯亮,提示仓库即将装满,如图 4 - 70 所示。

图 4 - 70　步骤 1 状态

▶ 步骤 2:当计数器 C201 数值加到 20 时,C201 常开触点接通,Y001 随 M8013 通断(周期 1 s),红灯闪烁,提示仓库已装满,如图 4 - 71 所示。

图 4 - 71　步骤 2 状态

▶ 步骤 3:当合上 K2 后,每扳动一次 K1,计数器 C200、C201 数值就会减 1,当 C201 减到 20 以下时,红灯灭,如图 4 - 72 所示。

图 4 - 72　步骤 3 状态

▶ 步骤 4:继续扳动 K1,当 C200 减到 15 以下时,绿灯灭,如图 4 - 73 所示。

图 4 - 73　步骤 4 状态

▶ 步骤 5:当按下 SB 按钮时,计数器 C200、C201 清零。

习　题　四

1. 填空题

(1)输出接口电路有(　　)输出型、(　　)输出型和(　　)输出型三种。

(2)SET 使操作元件(　　),RST 使操作元件(　　)。

(3)当驱动信号的(　　)到来时,执行 PLS 指令时,操作元件接通一个扫描周期;当驱动信号的(　　)到来时,执行 PLF 指令时,操作元件接通一个扫描周期。

(4)梯形图中的(　　)可以任意串联或并联,但继电器(　　)只能并联而不能串联。

(5)计数器处于复位状态时,当前值(　　),触点(　　),且不计数。

(6)定时器分为(　　)型定时器和(　　)型定时器。

(7)输出继电器的功能用于供 PLC 将程序执行结果传送给(　　)。输出继电器只能用(　　)驱动。

(8)梯形图程序由若干梯级组成,(　　),(　　)编程。

2. 选择题

(1)(　　)为 1 s 时钟,每 1 s 发出一脉冲。

　　a. M800　　　　　　b. M8002　　　　　c. M8013

(2)PLC 输出接口电路有继电器输出型、晶体管输出型和晶闸管输出型三种。如果输出接口用于控制接触器线圈,则应选择(　　)。

　　a. 继电器输出型　　b. 晶体管输出型　　c. 晶闸管输出型

(3)PLC 常用的编程语言是(　　)。

　　a. 语句表　　　　　b. 梯形图　　　　　c. 高级语言

(4)PLC 采用(　　)的工作方式。

　　a. 并行　　　　　　b. 串行　　　　　　c. 循环扫描

(5)驱动线圈的信号断开或发生停电时,通用定时器(　　)。

　　a. 复位　　　　　　b. 保持　　　　　　c. 状态未定

(6)确定通用加减双向计数器 C200 计数方向的是(　　)。

　　a. M200　　　　　　b. M8200　　　　　c. T200

(7)输入接口电路由(　　)和输入电路组成,作用是隔离输入信号,防止现场的强电干扰进入微机。

　　a. 光耦合器　　　　b. 晶闸管　　　　　c. 晶体管

(8)输入继电器的地址编号采用(　　),符号为 X。

　　a. 十六进制　　　　b. 十进制　　　　　c. 八进制

(9)特殊辅助继电器 M8000 ~ M8255(256 点):系统规定了专门用途,线圈由(　　)驱动,用户可直接利用触点。

　　a. 输入信号 X　　　b. PLC 自行　　　　c. 不能确定

3. 判断题

(1)PLC 继电器常开触点和常闭触点使用次数受限制。(　　)

(2)PLC 的输入端子是从外部开关接收信号的窗口。(　　)

(3)梯形图常被称为电路或程序,梯形图的设计称为编程。(　　)

(4)PLC 输入接口电路由晶闸管、输入电路和微处理器输入接口电路组成。(　　)

(5)32 位加减双向计数器计数方向由特殊辅助继电器 M8200 ~ M8234 设定。(　　)

(6)一般情况下,在梯形图中同一线圈只能出现一次。(　　)

(7)在含有跳转指令或步进指令的梯形图中允许双线圈输出。(　　)

(8)定时器用于定时操作,起延时接通和断开电路的作用。(　　)

(9)辅助继电器的线圈和触点能直接对外输入/输出。(　　)

(10)在 PLC 控制中,输入继电器 X 的线圈是真实存在。(　　)

4. 简答题

(1)图 4 - 74 所示为小车运动示意图。当小车处于后端,按下启动按钮,小车向前运行,压下前限位开关,翻斗门打开,7 s 后翻斗门关上,小车向后运行,到后端,即压下后限位开关后,打开小车底门 5 s,然后底门关上,完成一次动作。要求控制小车自动单周期运行。试完成梯形图设计,写出输入/输出分配,画出 PLC 接线图。

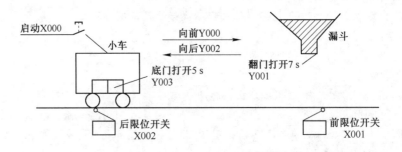

图 4-74　小车运动示意图

(2)图 4-75 所示为两组带机组成的原料运输自动化控制系统。该自动化控制系统的启动顺序为:盛料斗 D 中无料,先启动带机 C,5 s 后,再启动带机 B,经过 7 s 后再打开电磁阀 YV 放料,该自动化控制系统停机的顺序恰好与启动顺序相反。试完成梯形图设计,写出输入/输出分配,画出 PLC 接线图。

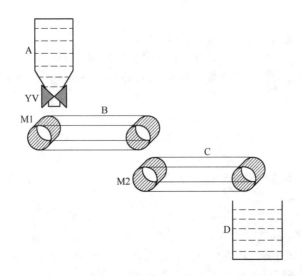

图 4-75　两组带机组成的原料运输自动化控制系统

(3)试设计一锅炉点火和熄火控制系统。控制要求如下:

①点火过程:先启动引风,5 min 后启动鼓风,2 min 后点火燃烧。

②熄火过程:先熄灭火焰,2 min 后停止鼓风,5 min 后停止引风。

(4)完成(2)题、(3)题后,试比较(2)题和(3)题的 PLC 梯形图程序结构有何不同。

(5)用 PLC 设计一个如图 4-76 所示的水塔自动供水系统。控制要求:水位浸过液面传感器 S1、S2、S3、S4 时,传感器状态为 ON,否则为 OFF。当水池水位低于低水位界时,S4 为 OFF,此时电磁阀 YV 打开进水;当水池水位高于高水位界时,S3 为 ON,则电磁阀 YV 关闭;当水塔水位低于低水位界(S2 为 OFF),而水池水位高于低水位界,则抽水机 M 打开;若水塔水位高于高水位界(S1 为 ON),则抽水机 M 关闭。若在抽水过程中,水池水位下降到低于水池水位界,则抽水机 M 也关闭。

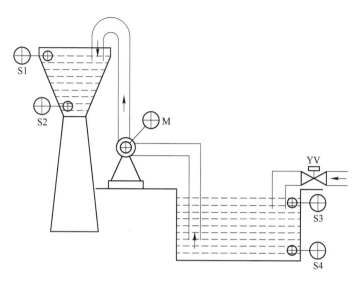

图 4 – 76 水塔自动供水系统

项目 状态转移图并行分支应用

学习目标

1. 掌握状态编程元件——状态继电器 S。
2. 掌握状态转移图的组成。
3. 掌握 FX 系列 PLC 的步进顺控指令。
4. 掌握并行分支状态转移图的结构。
5. 会用状态继电器绘制出状态转移图。
6. 掌握将状态转移图转换成步进顺控梯形图的方法。
7. 掌握数据寄存器的用法;了解其分类。
8. 掌握功能指令的格式及用途;会应用 MOV 功能指令编程。
9. 会用并行分支状态转移图解决实际控制问题。

任务一　自动送料小车往返运动控制

任务描述

　　某小车从 A 点分别向 B 点和 C 点自动送料。小车在初始位置 A 点时,限位开关 SQ1 被压下。合上开关 SA,小车开始装料,时间为 5 s。装料完成后,小车右行先向 B 点送料,卸料时间为 3 s。然后左行再向 C 点送料,卸料时间同样为 3 s。卸料完成后右行返回 A 点再装料,循环往复。断开开关 SA,小车完成一个工作周期自动停止。A、B、C 三点在一条直线上,如图 5 - 1 所示。用 PLC 状态转移图完成此任务设计。

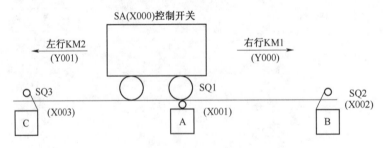

图 5 - 1　自动送料小车工作示意图

知识准备

1. 步进顺控概述

　　一个控制过程可以分为若干个阶段,这些阶段称为状态或者步。状态与状态之间由转换条件分隔。当相邻两状态之间的转换条件得到满足时,就实现状态转换。状态转移只有一种流向的称为单流程顺控结构。

2. FX 系列 PLC 的状态元件

每一个状态或者步用一个状态元件表示,S0 为初始步,又称准备步,表示初始准备是否到位;其他为工作步。

状态元件是构成状态转移图(SFC)的基本元素,是可编程控制器的软元件之一。FX2N、FX3U 系列 PLC 共有 1 000 个状态元件,其类别、编号、数量及用途如表 5 – 1 所示。

表 5 – 1　状态元件类别、编号、数量及用途

类别	元件编号	数量	用　　途
初始状态	S0 ~ S9	10	用作 SFC(状态转移图)的初始状态
返回状态	S10 ~ S19	10	在多运行模式控制当中,用作返回原点的状态
通用状态	S20 ~ S499	480	用作 SFC 的中间状态,表示工作状态
掉电保持状态	S500 ~ S899	400	具有停电保持功能。停电恢复后需继续执行的场合,可用这些状态元件
信号报警状态	S900 ~ S999	100	用作报警元件用

3. 状态转移图(SFC)的画法

状态转移图(SFC)用于描述控制系统的控制过程。

状态转移图的三要素:驱动动作、转移目标和转移条件。其中,转移目标和转移条件必不可少,而驱动动作则视具体情况而定,也可能没有实际的动作。

步与步之间的有向连线表示流程的方向,其中向下和向右的箭头可以省略。图 5 – 2 中流程方向始终向下,因而省略了箭头。

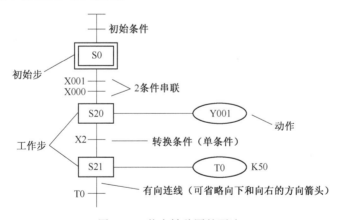

图 5 – 2　状态转移图的画法

4. 步与步之间的状态转换需要满足两个条件

前级步必须是活动步;对应的转换条件要成立。

满足上述两个条件就可以实现步与步之间的转换。一旦后续步转换成功成为活动步,前级步就要复位成为非活动步。

5. FX 系列 PLC 的步进顺控指令

FX 系列 PLC 的步进指令有两条:步进触点驱动指令 STL 和步进返回指令 RET。

STL:步进触点驱动指令,梯形图符号为 ————┤├————。

RET：步进返回指令，梯形图符号为 —— [RET]。

一系列 STL 指令后，在状态转移程序的结尾必须使用 RET 指令，表示步进顺控功能（主控功能）结束。若某一动作在连续的几步中都需要被驱动，则用 SET 指令。CPU 只执行活动步对应的电路块，因此，STL 指令允许双线圈输出。

6. 状态转移图转换成步进梯形图程序编程举例

状态转移图转换成步进梯形图程序编程举例如图 5 - 3 所示。

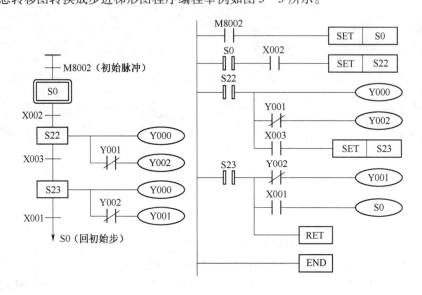

图 5 - 3　状态转移图转换成步进梯形图程序编程举例

任务实现

1. I/O 分配

输入：

X000——控制开关 SA　　　　　　X001——A 点行程开关 SQ1

X002——B 点行程开关 SQ2　　　　X003——C 点行程开关 SQ3

输出：

Y000——小车右行控制 KM1　　　　Y001——小车左行控制 KM2

2. 绘制自动送料小车控制 PLC 的 I/O 接线图

自动送料小车控制 PLC 的 I/O 接线图如图 5 - 4 所示。

3. 画出自动送料小车控制的状态转移图

自动送料小车控制的状态转移图（SFC）如图 5 - 5 所示。

运行步骤分析：

▶ 步骤 0：小车初始准备状态；

▶ 步骤 1：A 点装料；

▶ 步骤 2：小车右行；

▶ 步骤 3：B 点卸料；

▶ 步骤 4：小车左行；

▶ 步骤5：C点卸货；

▶ 步骤6：小车右行。

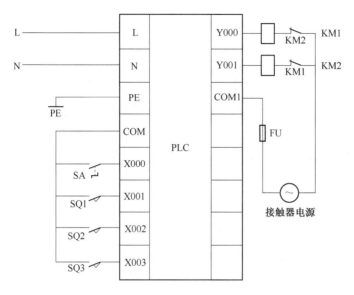

图5-4　自动送料小车控制PLC的I/O接线图

自动送料小车控制共分七个步骤，为单流程控制。

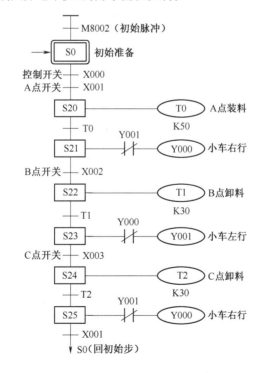

图5-5　自动送料小车控制的状态转移图

4. 将自动送料小车控制的状态转移图转换成步进梯形图的形式

自动送料小车控制的步进梯形图如图5-6所示。

5. 程序分析

①步 0 ~ 步 3,PLC 送电,M8002 接通一个扫描周期,进入状态 S0。

②步 3 ~ 步 8,状态 S0。小车在原位压合行程开关 SQ1,X001 接通,合上控制开关 SA,激活状态 S20。

③步 8 ~ 步 15,状态 S20。小车在 A 点装料,时间为 5 s。装料时间到,T0 常开触点接通,激活状态 S21。

④步 15 ~ 步 21,状态 S21。Y000 得电,小车向右运行,碰到限位开关 SQ2,X002 接通,激活状态 S22,小车停止右行。

⑤步 21 ~ 步 28,状态 S22。小车在 B 点卸料,时间为 3 s。卸料时间到,T1 常开触点接通,激活状态 S23。

⑥步 28 ~ 步 34,状态 S23。Y001 得电,小车向左运行,碰到行程开关 SQ3,X003 接通,激活状态 S24。

⑦步 34 ~ 步 41,状态 S24。小车在 C 点卸料,时间为 3 s。卸料时间到,T2 常开触点接通,激活状态 S25。

⑧步 41 ~ 步 47,状态 S25。Y000 得电,小车向右运行,碰到限位开关 SQ1,X001 接通,激活状态 S0,小车停止右行,进入下一工作周期。

⑨步 47 ~ 步 48,步进状态返回。

断开控制开关,小车并不立刻停止,而是完成一周工作后自动停止。

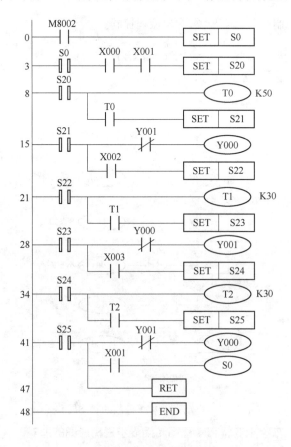

图 5 – 6　自动送料小车控制的步进梯形图程序

6. 程序调试

▶ 步骤 0:未启动状态。如图 5 - 7 所示。(开关状态:向上闭合,向下断开,以下同。)

图 5 - 7　步骤 0 状态

▶ 步骤 1:合上开关 SA,X000 接通,系统运行,小车装料,装料时间继电器 T0 工作,如图 5 - 8 所示。

▶ 步骤 2:T0 时间到,A 点装料完成,Y000 得电,接通右行控制接触器 KM1,小车右行。右行后断开行程开关 SQ1,X001 断开,如图 5 - 9 所示。

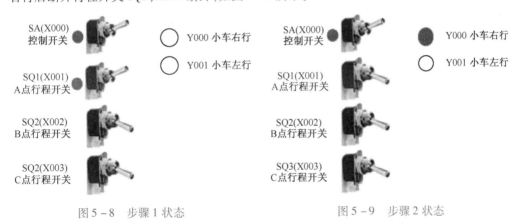

图 5 - 8　步骤 1 状态　　　　　图 5 - 9　步骤 2 状态

▶ 步骤 3:小车右行到达 B 点,碰到行程开关 SQ2,X002 接通,小车停止右行。开始在 B 点卸料,卸料时间继电器 T1 工作,如图 5 - 10 所示。

▶ 步骤 4:T1 时间到,B 点卸料完成,Y001 得电,接通左行控制接触器 KM2,小车向左运行。左行后断开行程开关 SQ2,X002 断开,如图 5 - 11 所示。

▶ 步骤 5:小车左行到达 C 点,碰到行程开关 SQ3,X003 接通,Y001 失电,小车停止左行。开始在 C 点卸料,卸料时间继电器 T2 工作,如图 5 - 12 所示。

▶ 步骤 6:T2 时间到,C 点卸料完成,Y000 得电,小车向右运行。右行后断开行程开关 SQ3,X003 断开,如图 5 - 13 所示。

▶ 步骤 7:小车返回 A 点,碰到行程开关 SQ1,X001 接通,小车停止,再次装料,进入新一工作周期,如图 5 - 14 所示。

工作中断开控制开关 SA,小车并不立刻停止,而是完成一周工作后自动停止。

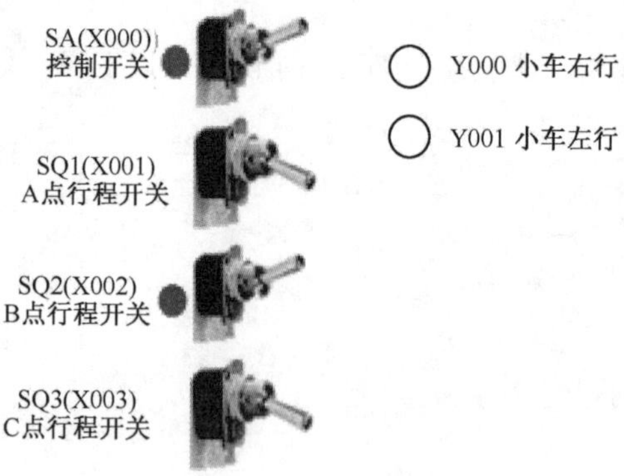

图 5 – 10　步骤 3 状态

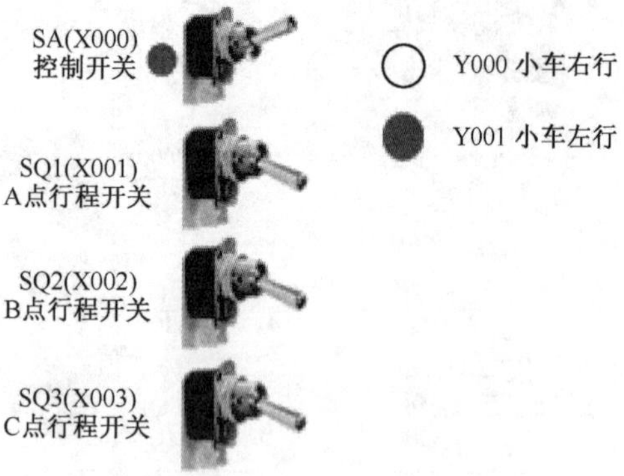

图 5 – 11　步骤 4 状态

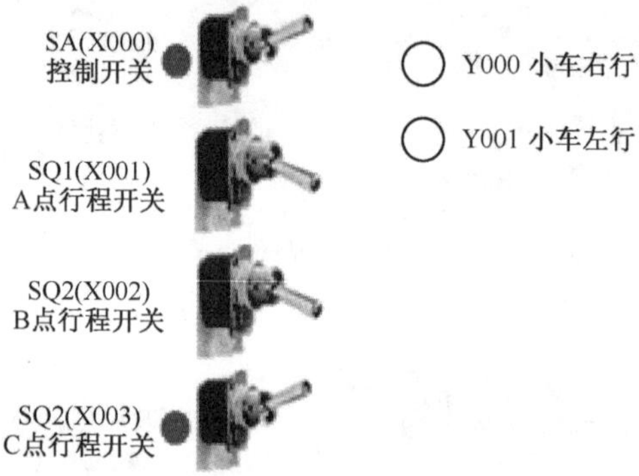

图 5 – 12　步骤 5 状态

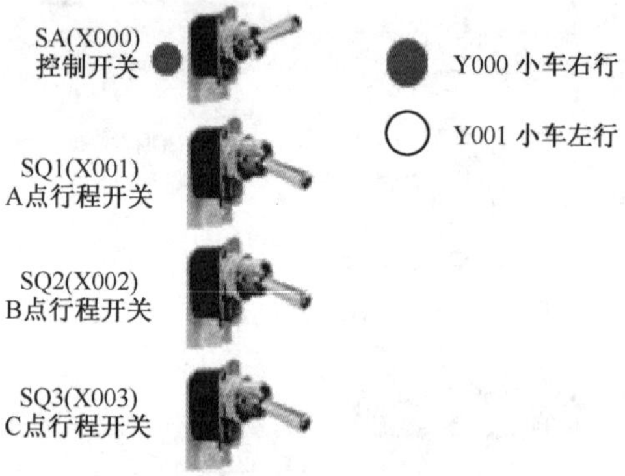

图 5 – 13　步骤 6 状态

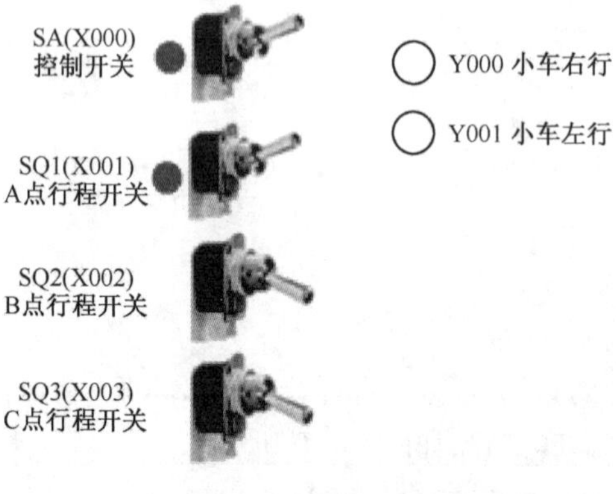

图 5 – 14　步骤 7 状态

任务二　十字路口交通灯控制

任务描述

交通灯工作示意图如图 5 – 15 所示。设计十字路口交通信号灯自动控制系统要求,信号灯分东西和南北两组,分别有"红""黄""绿"三种颜色,工作时序图如图 5 – 16 所示。

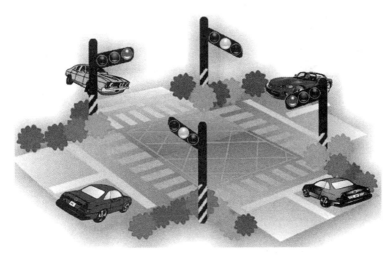

图 5 – 15 交通灯工作示意图

从图 5 – 16 中可以看出,东西向和南北向绿、黄和红灯相互亮灯时间是相等的。如果取单位时间 $t = 1$ s,则整个一次循环时间需要 24 s。

用 PLC 状态转移图完成十字路口交通灯控制。

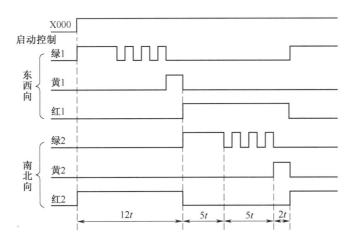

图 5 – 16 交通灯工作时序图

知识准备

1. 并行分支状态转移图及其特点

当满足某个条件后使多个分支流程同时执行的分支称为并行分支,如图 5 – 17 所示。图中,当 X000 接通时,状态转移使 S21、S31 和 S41 同时置位,三个分支同时运行,只有在 S22、S32 和 S42 三个状态都运行结束后,若 X002 接通,才能使 S30 置位,并使 S22、S32 和 S42 同时复位。从图 5 – 17 中可以看出:

①S20 为分支状态。S20 动作,若并行处理条件 X000 接通,则 S21、S31 和 S41 同时动作,三个分支同时开始运行。

②S50 为汇合状态。三个分支流程运行全部结束后,汇合条件 X002 接通,则 S50 动作,S22、S32 和 S42 同时复位。

十字路口交通
灯控制

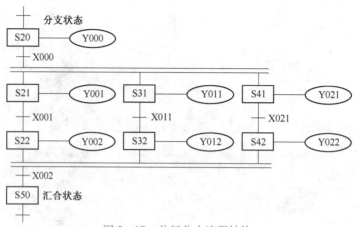

图 5 – 17　并行分支流程结构

2. 并行分支状态转移图的编程

编程原则是先集中进行并行分支处理，再集中进行汇合处理。

①并行分支的编程。编程方法是先对分支状态进行驱动处理，然后按分支顺序进行状态转移处理。

②并行汇合的编程。编程方法是先进行汇合前状态的驱动处理，然后按顺序进行汇合状态的转移处理。

按照并行汇合的编程方法，应先进行汇合前的输出处理，即按分支顺序对 S21 和 S22、S31 和 S32、S41 和 S42 进行输出处理，然后依次进行从 S22、S32、S42 到 S30 的转移。

③根据图 5 – 17 所示的状态转移图绘出的步进梯形图程序如图 5 – 18 所示。

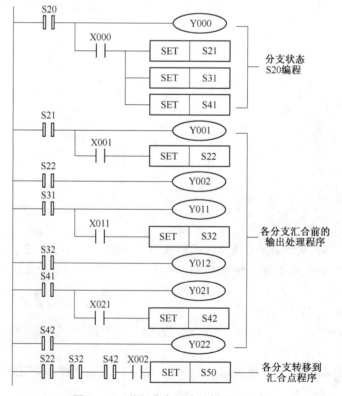

图 5 – 18　并行分支的步进梯形图程序

④并行分支、汇合编程应注意的问题：

a. 并行分支的汇合最多能实现八个分支的汇合。

b. 并行分支与汇合流程中,并联分支后面不能使用选择转移条件,在转移条件后不允许并行汇合。

任务实现

1. I/O 分配

输入：

X000——控制开关 SA

输出：

Y000——东西向绿灯　　　　　　　Y003——南北向绿灯

Y001——东西向黄灯　　　　　　　Y004——南北向黄灯

Y002——东西向红灯　　　　　　　Y005——南北向红灯

2. 绘制十字路口交通灯控制 PLC 的 I/O 接线图

十字路口交通灯控制 PLC 的 I/O 接线图如图 5 – 19 所示。

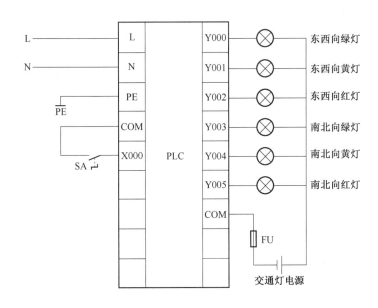

图 5 – 19　十字路口交通灯控制 PLC 的 I/O 接线图

3. 画出十字路口交通灯控制的状态转移图(SFC)

十字路口交通灯控制的状态转移图(SFC)如图 5 – 20 所示。

4. 将十字路口交通灯控制的状态转移图转换成步进梯形图的形式

十字路口交通灯步进梯形图如图 5 – 21 所示。

5. 程序分析

①步 0 ～ 步 3,PLC 送电,M8002 接通一个扫描周期,激活状态 S0。

②步 3 ～ 步 9,状态 S0。合上开关,X000 接通,同时激活状态 S21 和状态 S31。

③步 9 ～ 步 17,状态 S21。Y000 得电,东西向绿灯亮,同时,定时器 T0 得电工作。当 T0 时间到,其常开触点接通,激活状态 S22。

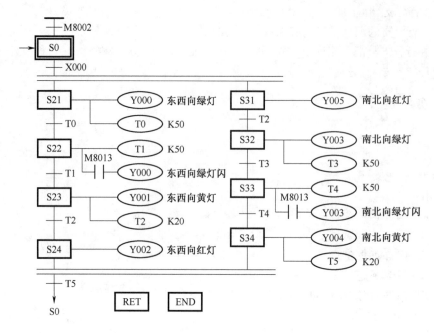

图 5-20　十字路口交通灯控制的状态转移图

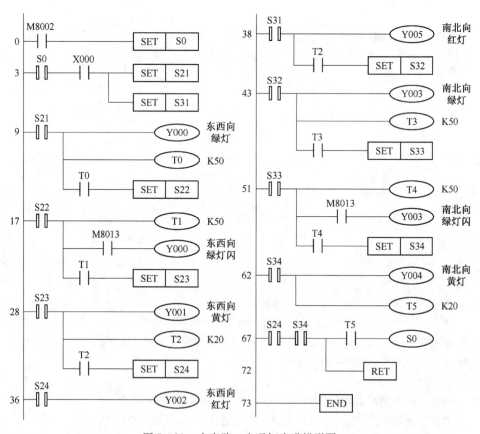

图 5-21　十字路口交通灯步进梯形图

④步 17～步 28，状态 S22。T1 得电工作，Y000 随 M8013 闪烁，当 T1 时间到，其常开触点

接通，激活状态 S23。

⑤步 28 ~ 步 36，状态 S23。Y001 得电，东西向黄灯亮，定时器 T2 得电工作。当 T2 时间到，激活状态 S24。

⑥步 36 ~ 步 38，状态 S24。Y002 得电，东西向红灯亮。

⑦步 38 ~ 步 43，状态 S31。Y005 得电，南北向红灯亮。

⑧步 43 ~ 步 51，状态 S32。Y003 得电，南北向绿灯亮。定时器 T3 得电工作，当 T3 延时时间到时，常开触点接通，激活状态 S33。

⑨步 51 ~ 步 62，状态 S33。定时器 T4 得电工作。Y003 随 M8013 闪烁。当 T4 时间到，其常开触点接通，激活状态 S34。

⑩步 62 ~ 步 67，状态 S34。Y004 得电，南北向黄灯亮。T5 得电，当 T5 时间到，其常开触点接通，两支路同时复位，状态 S24 和状态 S34 同时结束。

⑪步 67 ~ 步 72，T5 时间到，其常开触点接通，激活状态 S0，交通灯开始新一工作周期。

⑫步 72 ~ 步 73，步进状态返回。

6. 程序调试

注意： 十字路口交通灯调试步骤较少，合上开关后，交通灯自行变化，主要是观察交通灯动作及梯形图软件状态的变化，以便及时发现错误并修正程序。

◉ **步骤 0：** 未启动状态，如图 5 – 22 所示。（开关状态：向上闭合，向下断开，以下同。）

◉ **步骤 1：** 合上开关 SA，东西向绿灯亮，南北向红灯亮，如图 5 – 23 所示。

图 5 – 22　步骤 0 状态　　　　　　　　图 5 – 23　步骤 1 状态

◉ **步骤 2：** 东西向绿灯亮结束，东西向绿灯闪烁，如图 5 – 24 所示。

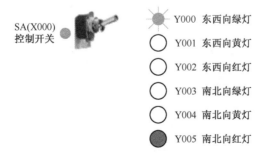

图 5 – 24　步骤 2 状态

◉ **步骤 3：** 东西向绿灯闪烁结束，东西向黄灯亮，如图 5 – 25 所示。

◉ **步骤 4：** 东西向黄灯亮结束，东西向红灯亮，南北向绿灯亮，如图 5 – 26 所示。

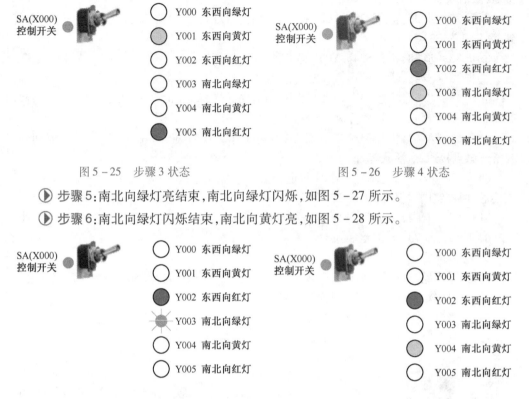

图 5 – 25　步骤 3 状态　　　　　　　图 5 – 26　步骤 4 状态

▶ 步骤 5：南北向绿灯亮结束，南北向绿灯闪烁，如图 5 – 27 所示。

▶ 步骤 6：南北向绿灯闪烁结束，南北向黄灯亮，如图 5 – 28 所示。

图 5 – 27　步骤 5 状态　　　　　　　图 5 – 28　步骤 6 状态

▶ 步骤 7：南北向黄灯亮结束，南北向红灯亮，东西向绿灯亮，返回步骤 1 状态。

任务三　带倒计时显示的十字路口交通灯自动控制

任务描述

　　带倒计时显示的十字路口交通灯自动控制系统示意图如图 5 – 29 所示。要求：信号灯分

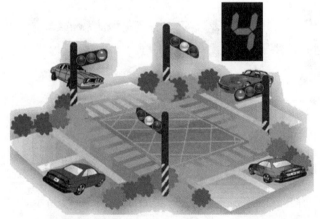

图 5 – 29　带倒计时显示的十字路口交通灯自动控制系统示意图

东西和南北两组,分别有"红""黄""绿"三种颜色,东西方向和南北方向绿、黄和红灯相互亮灯时间是相等的。只有红灯有倒计时,本任务设 4 s 倒计时。倒计时时间可根据需要设置。如果取单位时间 $t = 1$ s,则整个一次循环时间需要 24 s。

用 PLC 功能指令和状态转移图完成带倒计时显示的十字路口交通灯控制。

带倒计时十字路口交通灯控制

知识准备

1. PLC 通用数据寄存器(D)

数据寄存器(D)用来储存数据和参数,数据寄存器可储存 16 位二进制数或一个字,两个数据寄存器合并起来可以存放 32 位数据(双字),在 D0 和 D1 组成的双字中,D0 存放低 16 位,D1 存放高 16 位。

将数据写入通用数据寄存器后,其值将保持不变,直到下一次被改写。PLC 从 RUN 状态进入 STOP 状态时,所有的通用数据寄存器的值被改写为 0。数据寄存器有以下几种类型:

①通用数据寄存器(D0 ~ D199),共 200 点。

②断电保持数据寄存器(D200 ~ D7999),共 7 800 点。

③特殊数据寄存器(D8000 ~ D8511),共 512 点。

2. 功能指令的表示格式

功能指令的表示格式与基本指令不同。功能指令可以用编号表示,也可用助记符(英文名称或缩写)表示。例如编号 FNC45 的助记符是 MEAN(平均),编程大多使用助记符。

功能指令有一至四个操作数。图 5 - 30 所示为一个计算平均值指令,它有三个操作数,[S]表示源操作数,[D]表示目标操作数。当源操作数或目标操作数不止一个时,用[S1·]、[S2·]、[D1·]、[D2·]表示。用 n 和 m 表示其他操作数,它们常用来表示常数 K 和 H,或作为源操作数和目标操作数的补充说明,当这样的操作数多时可用 n1、n2 和 m1、m2 等来表示。有的功能指令没有操作数。

图 5 - 30 中指令含义是,源操作数为 D0、D1、D2,目标操作数为 D4,K3 表示有三个数,当 X000 接通时,执行的操作为[(D0) + (D1) + (D2)]÷3→(D4),运算结果送入 D4 中。

3. 功能指令的执行方式与数据长度

(1)执行方式

功能指令有连续执行和脉冲执行两种类型。如图 5 - 31 所示,指令助记符 MOV 后面有 P,则表示脉冲执行,即该指令仅在 X001 接通(由 OFF 到 ON)时执行,将 D10 中的数据送到 D12 中一次;如果 MOV 后面没有 P,则表示连续执行,即该指令在 X001 接通(ON)的每一个扫描周期该指令都要被执行。

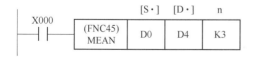

图 5 - 30　功能指令表示格式　　　图 5 - 31　功能指令的执行方式与数据长度的表示

(2)数据长度

功能指令可处理 16 位数据或 32 位数据。处理 32 位数据的指令是在助记符前加 D 标志,无此标志即为处理 16 位数据的指令。

注意:32 位计数器(C200~C255)的一个软元件为 32 位,不可作为处理 16 位数据指令的操作数使用。若 MOV 指令前面带 D,则当 X001 接通时,执行 D11D10→D13D12(32 位)。在使用 32 位数据时,建议使用首编号为偶数的操作数,不容易出错。

4. 位元件与字元件

X、Y、M、S 等只处理 ON/OFF 信息的软元件称为位元件;而 T、C、D 等处理数值的软元件则称为字元件,一个字元件由 16 位二进制数组成。

位元件可以通过组合使用,四个位元件为一个单元,通用表示方法是由 Kn 加起始的软元件号组成,n 为单元数。例如 K2 M0 表示 M0~M7 组成两个位元件组(K2 表示两个单元),它是一个 8 位数据,M0 为最低位。如果将 16 位数据传送到不足 16 位的位元件组合(n < 4)时,只传送低位数据,多出的高位数据不传送,32 位数据传送也一样。在进行 16 位数操作时,参与操作的位元件不足 16 位时,高位的不足部分均作 0 处理,这意味着只能处理正数(符号位为 0),在进行 32 位数处理时也一样。被组合的元件首位元件可以任意选择,但为避免混乱,建议采用编号以 0 结尾的元件,如 S10,X0,X20 等。

5. 传送指令 MOV

(D)MOV(P)指令的编号为 FNC12,该指令的功能是将源数据传送到指定的目标。如图 5 - 32 所示,当 X000 为 ON 时,则将[S·]中的数据 K100 传送到目标操作元件[D·],即 D10 中。在指令执行时,常数 K100 会自动转换成二进制数。当 X000 为 OFF 时,则指令不执行,数据保持不变。

图 5 - 32   传送指令 MOV 的使用

使用 MOV 指令时应注意:

①源操作数可取所有数据类型,目标操作数可以是 KnY、KnM、KnS、T、C、D、V、Z。

②16 位运算时占 5 个程序步,32 位运算时则占 9 个程序步。

任务实现

1. I/O 分配

输入:

X000——控制开关 SA

输出:

Y000——东西向绿灯

Y001——东西向黄灯

Y002——东西向红灯

Y003——南北向绿灯

Y004——南北向黄灯

Y005——南北向红灯

Y020——数码管 a 段

Y021——数码管 b 段

Y022——数码管 c 段

Y023——数码管 d 段

Y024——数码管 e 段

Y025——数码管 f 段

Y026——数码管 g 段

Y010——东西倒计时选择

Y014——南北倒计时选择

表 5 - 2 为七段码显示字符的数据。

表 5 - 2 七段码显示字符的数据

显示数字	十六进制	g(Y026)	f(Y025)	e(Y024)	d(Y023)	c(Y022)	b(Y021)	a(Y020)
0	H3F	0	1	1	1	1	1	1
1	H06	0	0	0	0	1	1	0
2	H5B	1	0	1	1	0	1	1
3	H4F	1	0	0	1	1	1	1
4	H66	1	1	0	0	1	1	0

2. 绘制自动带倒计时显示的十字路口交通灯自动控制 PLC 的 I/O 接线图

带倒计时显示的十字路口交通灯自动控制 PLC 的 I/O 接线图如图 5 - 33 所示。

3. 编写带倒计时显示的十字路口交通灯自动控制 PLC 程序

带倒计时显示的十字路口交通灯自动控制 PLC 程序包括两部分:一是控制交通灯的状态转移图程序,二是控制倒计时的基本指令和功能指令程序。交通灯的状态转移图程序如图 5 - 34 所示;交通灯的状态转移图转换成步进顺控指令程序如图 5 - 35 所示。控制倒计时的 PLC 程序如图 5 - 36 所示。

4. 程序分析

①步 0 ~ 步 78,步进顺控指令程序部分分析与图 5 - 21 十字路口交通灯程序相同。只是在步 36 ~ 步 41 之间加入定时器 T8 用于启动东西向倒计时。在步 41 ~ 步 49 之间加入定时器 T9 用于启动南北向倒计时。

②步 79 ~ 步 82,T8 接通,上升沿置位 M0,启动东西向倒计时。

③步 82 ~ 步 85,T9 接通,上升沿置位 M1,启动南北向倒计时。

④步 85 ~ 步 88,倒计时结束,停止倒计时工作。

⑤步 88 ~ 步 90,M0 闭合,接通 Y010,东西向倒计时控制。

⑥步 90 ~ 步 92,M1 闭合,接通 Y014,南北向倒计时控制。

⑦步 92 ~ 步 99,PLC 加电时或倒计时结束后使数码管无显示。

⑧步 99 ~ 步 164,控制倒计时显示。M0 或 M1 接通后,将 H66 用 MOV 传送指令送入寄存器 K2Y020,显示 4,时间为 1 s。依次显示 3、2、1、0,时间均为 1 s。

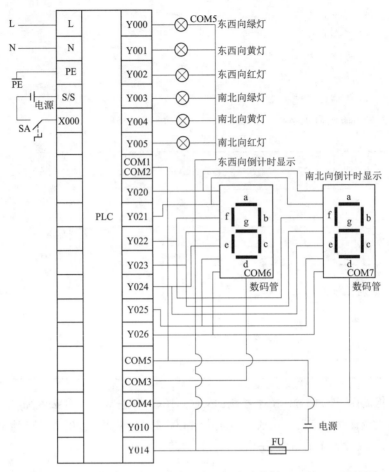

图 5 - 33　带倒计时显示的十字路口交通灯自动控制 PLC 的 I/O 接线图

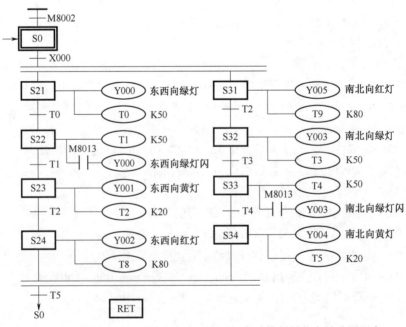

图 5 - 34　带倒计时显示的十字路口交通灯自动控制的状态转移图程序

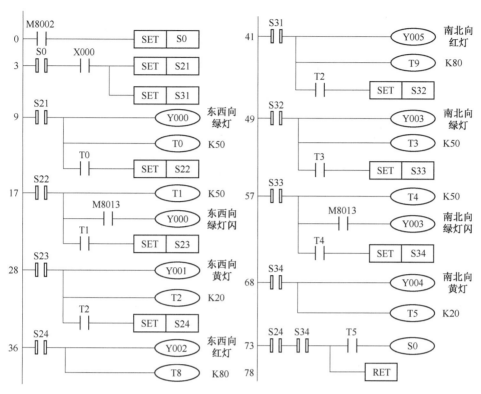

图 5 - 35　带倒计时显示的十字路口交通灯自动控制的步进顺控指令程序

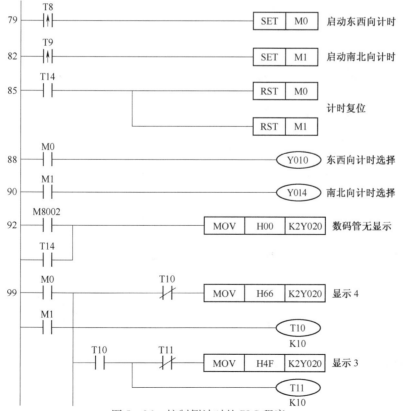

图 5 - 36　控制倒计时的 PLC 程序

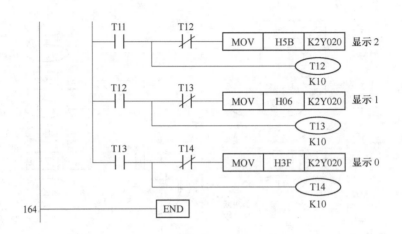

图 5-36　控制倒计时的 PLC 程序(续)

5. 程序调试

注意: 本任务调试同十字路口交通灯调试, 步骤较少, 合上开关后, 交通灯及数码管自行变化, 主要是观察交通灯、数码管动作及梯形图软件状态的变化, 以便及时发现错误并修正程序。

▶ **步骤 0**: 未启动状态, 如图 5-37 所示。(开关状态: 向上闭合, 向下断开, 以下同。)

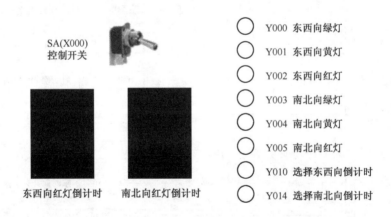

图 5-37　步骤 0 状态

▶ **步骤 1**: 合上开关 SA, 东西向绿灯亮, 南北向红灯亮。此时, 数码管无显示, 如图 5-38 所示。

▶ **步骤 2**: 东西向绿灯亮结束, 转东西向绿灯闪烁, 如图 5-39 所示。

▶ **步骤 3**: 东西向绿灯闪烁 5 s 后, Y014 得电, 南北向红灯倒计时, 显示"4", 如图 5-40 所示。

▶ **步骤 4**: 南北向红灯继续倒计时, 显示"3", 如图 5-41 所示。

▶ **步骤 5**: 绿灯闪烁 5 s 后东西向黄灯亮。南北向红灯继续倒计时, 显示"2", 如图 5-42 所示。

⬤	Y000 东西向绿灯
◯	Y001 东西向黄灯
◯	Y002 东西向红灯
◯	Y003 南北向绿灯
◯	Y004 南北向黄灯
⬤	Y005 南北向红灯
◯	Y010 选择东西向倒计时
◯	Y014 选择南北向倒计时

图 5 - 38　步骤 1 状态

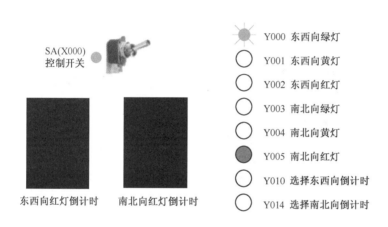

图 5 - 39　步骤 2 状态

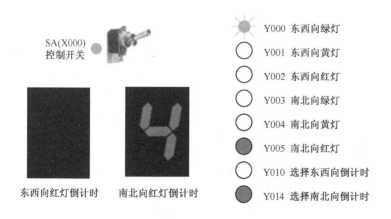

图 5 - 40　步骤 3 状态

▶ **步骤** 6：南北向红灯继续倒计时,显示"1",如图 5 - 43 所示。

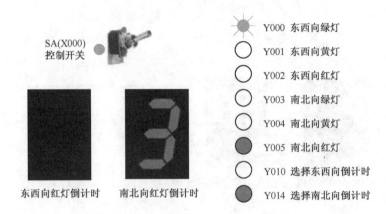

图 5-41　步骤 4 状态

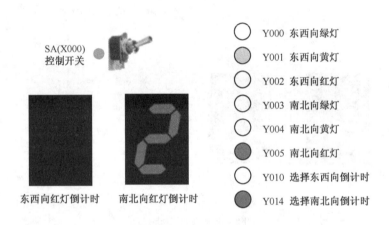

图 5-42　步骤 5 状态

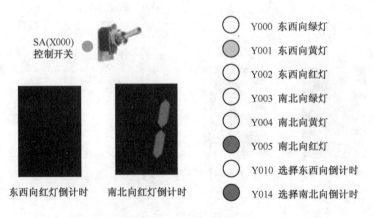

图 5-43　步骤 6 状态

▶ 步骤7：南北向红灯倒计时时间到，东西向黄灯亮时间到，东西向红灯亮，南北向绿灯亮，数码管显示0，如图5-44所示。

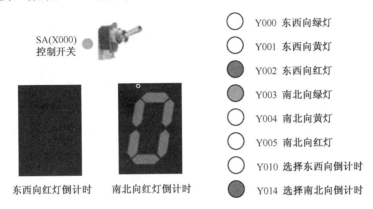

图5-44 步骤7状态

▶ 步骤8：东西向红灯亮，南北向绿灯亮，如图5-45所示。

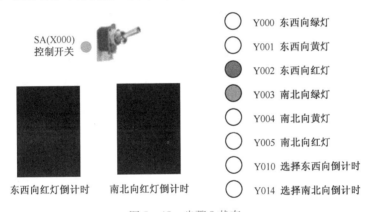

图5-45 步骤8状态

▶ 步骤9：5 s后南北向绿灯闪烁，如图5-46所示。

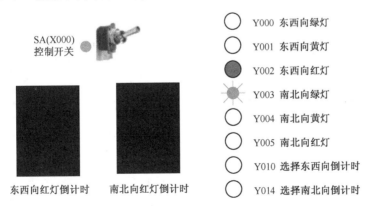

图5-46 步骤9状态

▶ 步骤10：南北向绿灯闪烁5 s后东西向红灯倒计时，显示"4"，如图5-47所示。

▶ 步骤11：东西向红灯继续倒计时，显示"3"，如图5-48所示。

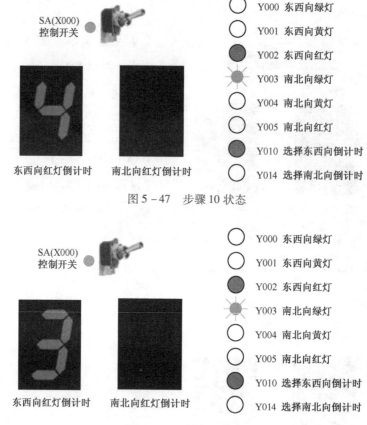

图 5 – 47　步骤 10 状态

图 5 – 48　步骤 11 状态

⏵ **步骤 12**：南北向绿灯闪烁 5 s 后南北向黄灯亮，东西向红灯继续倒计时，显示"2"，如图 5 – 49 所示。

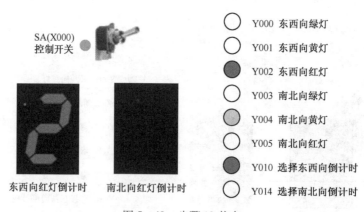

图 5 – 49　步骤 12 状态

⏵ **步骤 13**：东西向红灯继续倒计时，显示"1"，如图 5 – 50 所示。

⏵ **步骤 14**：东西向红灯倒计时时间到，南北向黄灯亮时间到，显示"0"，如图 5 – 51 所示。

⏵ **步骤 15**：1 s 后，返回步骤 1 状态。

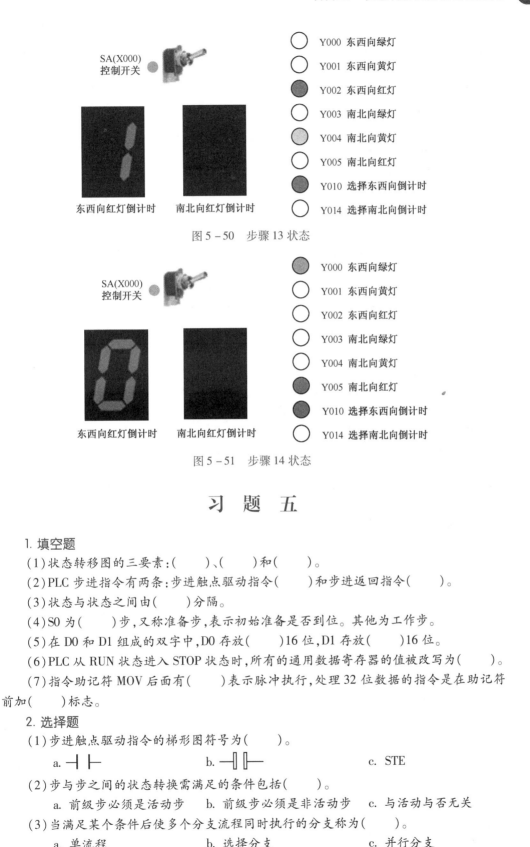

图 5-50 步骤 13 状态

图 5-51 步骤 14 状态

习 题 五

1. 填空题

(1)状态转移图的三要素:( )、( )和( )。

(2)PLC 步进指令有两条:步进触点驱动指令( )和步进返回指令( )。

(3)状态与状态之间由( )分隔。

(4)S0 为( )步,又称准备步,表示初始准备是否到位。其他为工作步。

(5)在 D0 和 D1 组成的双字中,D0 存放( )16 位,D1 存放( )16 位。

(6)PLC 从 RUN 状态进入 STOP 状态时,所有的通用数据寄存器的值被改写为( )。

(7)指令助记符 MOV 后面有( )表示脉冲执行,处理 32 位数据的指令是在助记符前加( )标志。

2. 选择题

(1)步进触点驱动指令的梯形图符号为( )。

    a. ┤├   b. ┨┠   c. STE

(2)步与步之间的状态转换需满足的条件包括( )。

    a. 前级步必须是活动步   b. 前级步必须是非活动步   c. 与活动与否无关

(3)当满足某个条件后使多个分支流程同时执行的分支称为( )。

    a. 单流程   b. 选择分支   c. 并行分支

（4）一系列 STL 指令后，在状态转移程序的结尾必须使用（　　）指令，表示步进顺控功能结束。

    a. RET　　　　　　　　　b. SRET　　　　　　　　　c. FEND

（5）若某一动作在连续的几步中都需要被驱动，则用（　　）指令。

    a. RST　　　　　　　　　b. SET　　　　　　　　　c. OUT

（6）两个数据寄存器合并起来可以存放（　　）数据（双字）。

    a. 8 位　　　　　　　　　b. 16 位　　　　　　　　　c. 32 位

（7）K2 M0 表示组成了一个（　　）数据，M0 为最低位。

    a. 8 位　　　　　　　　　b. 16 位　　　　　　　　　c. 32 位

3. 判断题

（1）将数据写入通用数据寄存器后，其值将保持不变，直到下一次被改写。　　（　　）

（2）一个控制过程可以分为若干个阶段，这些阶段称为状态或者步。　　（　　）

（3）位元件可以通过组合使用，六个位元件为一个单元。　　（　　）

（4）一旦后续步转换成功成为活动步，前级步就要复位成为非活动步。　　（　　）

（5）CPU 只执行活动步对应的电路块，STL 指令不允许双线圈输出。　　（　　）

（6）状态转移图中转移目标和转移条件必不可少，同样驱动动作也必不可少。　　（　　）

4. 简答题

（1）设计一个顺序控制系统，要求如下：三台电动机，按下启动按钮时，M1 先启动，运行 2 s 后 M2 启动，再运行 3 s 后 M3 启动；按下停止按钮时，M3 先停止，5 s 后 M2 停止，再 4 s 后 M1 停止。在启动过程中也应能完成逆序停止，例如在 M2 启动后和 M3 启动前按下停止按钮，M2 停止，4 s 后 M1 停止。画出端子接线图、状态转移图、梯形图。

（2）用状态转移图设计喷泉电路。要求：喷泉有 A、B、C 三组喷头。启动后，A 组先喷 5 s，后 B、C 同时喷，5 s 后 B 停，再 5 s C 停，而 A、B 又喷，再 2 s，C 也喷，持续 5 s 后全部停，再 3 s 重复上述过程。说明：A(Y0)，B(Y1)，C(Y2)，启动信号 X0。

（3）用 MOV 功能指令设计正反转运行星－三角启动电路。要求启动时间为 3 s，星到角的变换有 0.5 s 的延迟。

项目 **六** 状态转移图选择性分支应用

学习目标

1. 掌握选择性分支状态转移图的结构。
2. 掌握将选择性分支状态转移图转换成步进顺控梯形图的方法。
3. 会设计状态转移图程序。
4. 掌握数据寄存器的用法,了解其分类。
5. 会应用 IST、ROR、ROL、SFTR、SFTL 功能指令编程。
6. 会用选择性分支状态转移图解决实际工程控制问题。

任务一 自动门控制系统

任务描述

图 6-1 所示为自动门控制系统,动作如下:人靠近自动门时,感应器 K 接通,接触器 KM1 得电,驱动电动机高速开门。碰到开门减速开关 SQ1 时,KM1 失电,接触器 KM2 得电,控制电动机低速开门。碰到开门极限开关 SQ2 时,断开 KM2,电动机停止,人通过。人通过后开始延时,若在 0.5 s 内感应器 K 检测到无人,接触器 KM3 得电,控制电动机高速关门。碰到关门减速开关 SQ3 时,KM3 失电,接触器 KM4 得电,控制电动机低速关门。碰到关门极限开关 SQ4 时电动机停止。在关门期间,若感应器 K 检测到有人,终止关门,延时 0.5 s 后自动转换为高速开门。用 PLC 状态转移图完成该任务程序设计。

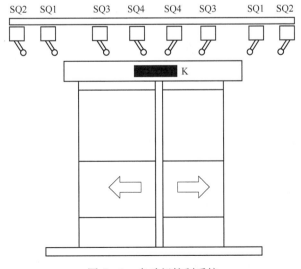

图 6-1 自动门控制系统

自动门PLC
控制

知识准备

1. 选择性分支状态转移图及其特点

从多个分支流程中根据条件选择某一分支执行,其他分支的转移条件不能同时满足,即每次只满足一个分支转移条件,称为选择性分支,如图 6 - 2 所示。从图中可以看出以下几点:

① 该状态转移图有三个分支流程顺序。

② 根据不同的条件(X000、X010、X020),选择执行其中的一个分支流程。当 X000 为 ON 时执行第一分支流程;X010 为 ON 时执行第二分支流程;X020 为 ON 时执行第三分支流程。X000、X010、X020 不能同时为 ON。

③ S50 为汇合状态,可由 S22、S32、S42 任一状态驱动。

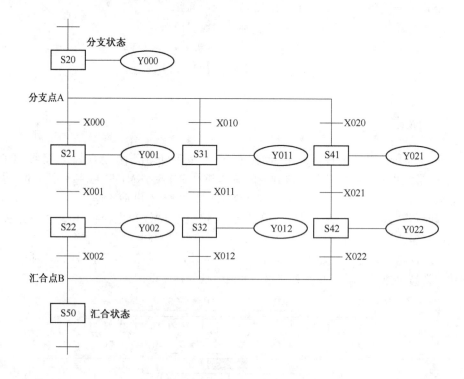

图 6 - 2 选择性分支状态转移图

2. 选择性分支、汇合状态转移图的编程

编程原则是先集中处理分支状态,然后再集中进行汇合处理。

① 分支状态的编程。针对状态 S20 编程时,先进行驱动处理(OUT Y000),然后按 S21、S31、S41 的顺序进行处理。

② 汇合状态的编程。汇合状态编程前先依次对 S21、S22、S31、S32、S41、S42 状态进行汇合前的输出处理编程,然后按顺序从 S22(第一分支)、S32(第二分支)、S42(第三分支)向汇合状态 S50 转移编程。

③ 选择性分支状态转移图对应的步进顺控梯形图程序如图 6 - 3 所示。

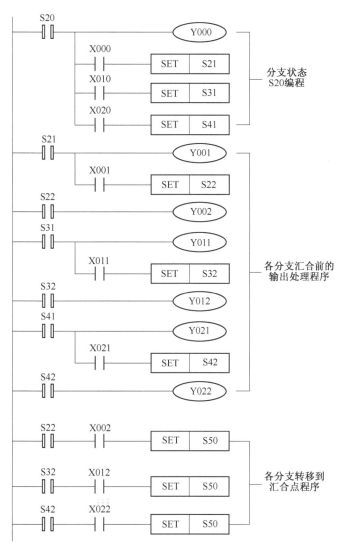

图 6-3　选择性分支 SFC 图对应的步进顺控梯形图程序

任务实现

1. I/O 分配

输入：

X000——人到检测开关 K　　　　　X001——开门减速开关 SQ1

X002——门全开开关 SQ2　　　　　X003——关门减速开关 SQ3

X004——门全关开关 SQ4

输出：

Y000——高速开门控制 KM1　　　　Y001——减速开门控制 KM2

Y002——高速关门控制 KM3　　　　Y003——减速关门控制 KM4

2. 绘制自动门控制系统 PLC 的 I/O 接线图

自动门控制系统 PLC 的 I/O 接线图如图 6-4 所示。

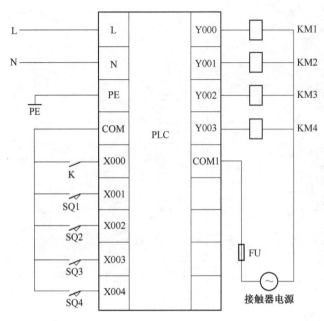

图 6 – 4　自动门控制系统 PLC 的 I/O 接线图

3. 画出自动门控制系统状态转移图(SFC)

自动门控制系统状态转移图(SFC)如图 6 – 5 所示。

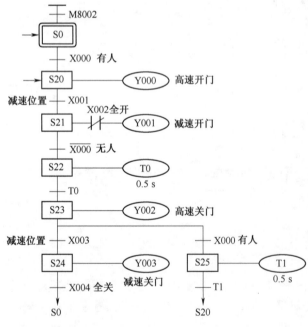

图 6 – 5　自动门控制系统状态转移图

运行步骤分析:

▶ 步骤 0:无人进出门,门准备状态。

▶ 步骤 1:有人进门,门高速开。

▶ 步骤 2:门减速开。

⚫ 步骤3：人通过后高速关门；分支选择。

⚫ 步骤4-1：继续无人，减速关，返回初始状态。

⚫ 步骤4-2：又有人，门转为高速开。自动门为有选择性分支控制。

4. 将自动门控制系统状态转移图转换成步进顺控梯形图的形式

自动门控制系统步进顺控梯形图如图6-6所示。

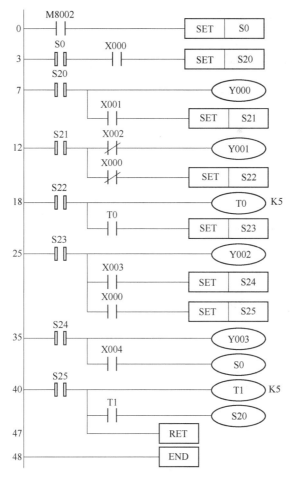

图6-6 自动门控制系统步进顺控梯形图

5. 程序分析

①步0～步3，PLC送电，M8002接通一个扫描周期，进入状态S0。

②步3～步7，状态S0。门前有人，K闭合，X000接通，激活状态S20。

③步7～步12，状态S20。Y000得电，高速开门，碰到开门减速开关SQ1，X001接通，激活状态S21。

④步12～步18，状态S21。Y000失电，Y001得电，由高速开门转减速开门。碰到门开限位开关SQ2，X002常闭触点断开，Y001失电，开门停止。人离开，X000常闭触点闭合，激活状态S22。

⑤步18～步25，状态S22。门前无人延时时间到，T0常开触点接通，激活状态S23。

⑥步25～步35，状态S23。Y002得电，高速关门。若此时无人，碰到关门减速行程开关SQ3，X003接通，激活状态S24。若此时又有人，激活状态S25。

⑦步35～步40，状态S24。Y002失电，Y003得电，由高速关门转减速关门。关门到位，

碰到关门限位开关 SQ4,X004 常开触点接通,返回重新激活状态 S0。

⑧步 40 ~ 步 47,状态 S25。延时 0.5 s,时间到,激活状态 S20,再一次高速开门。

⑨步 47 ~ 步 48,步进状态返回。

6. 程序调试

▶ 步骤 0:未启动状态,如图 6 - 7 所示(开关状态:向上闭合,向下断开,以下同。)

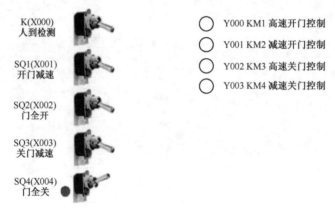

图 6 - 7　步骤 0 状态

▶ 步骤 1:有人到,合上开关 K,Y000 得电,高速开门,如图 6 - 8 所示。

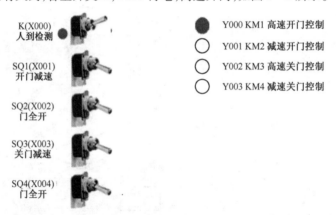

图 6 - 8　步骤 1 状态

▶ 步骤 2:碰到减速行程开关 SQ1,X001 接通,Y001 得电,减速开门,如图 6 - 9 所示。

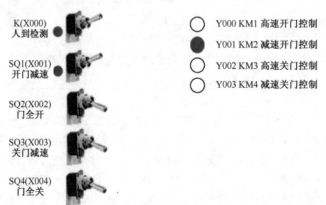

图 6 - 9　步骤 2 状态

▶ 步骤 3：碰到门全开行程开关 SQ2，Y001 失电，开门结束，如图 6 - 10 所示。

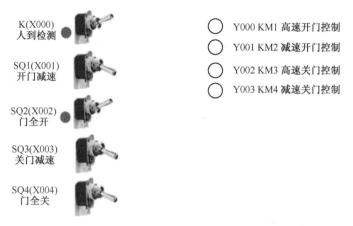

图 6 - 10　步骤 3 状态

▶ 步骤 4：人通过，无人，检查开关 K 断开，如图 6 - 11 所示。

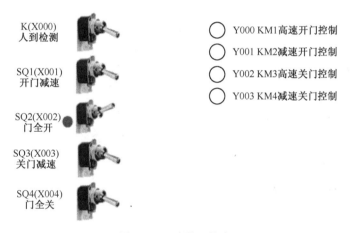

图 6 - 11　步骤 4 状态

▶ 步骤 5：0.5 s 无人，Y002 得电，高速关门，门全开开关 SQ2 断开，如图 6 - 12 所示。

K(X000)
人到检测

SQ1(X001)
开门减速

SQ2(X002)
门全开

SQ3(X003)
关门减速

SQ4(X004)
门全关

○ Y000 KM1 高速开门控制
○ Y001 KM2 减速开门控制
● Y002 KM3 高速关门控制
○ Y003 KM4 减速关门控制

图 6 - 12　步骤 5 状态

注意:下面有分支选择。

▶ 步骤 6-1:若无人,关门碰到关门减速开关 SQ3,X003 接通,Y002 失电,停止高速关门,Y003 得电,转为减速关门,如图 6-13 所示。

▶ 步骤 6-2:若关门中检测到有人,Y002 失电,停止关门,如图 6-14 所示。

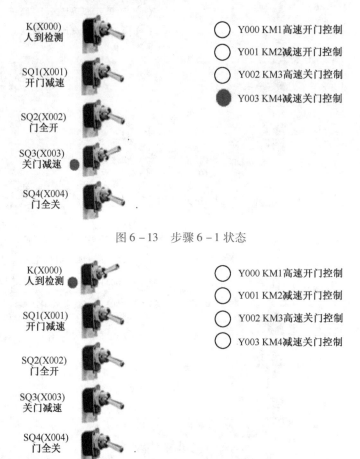

图 6-13　步骤 6-1 状态

图 6-14　步骤 7-1 状态

▶ 步骤 7-1:碰到门全关开关 SQ4,X004 断开,Y003 失电,关门结束,返回步骤 0,如图 6-7 所示。

▶ 步骤 7-2:延迟 0.5 s,转向步骤 1 高速开门,如图 6-8 所示。

任务二　大、小球分拣传送装置控制

任务描述

分拣是把货物按品种分配到不同的地点的作业,自动分拣是企业常见的作业形式。本任务是通过机械手把一个筐中的大球和小球自动分配到两个不同的球箱,如图 6-15 所示。控制要求如下:

① 当分拣机构处于起始位置时,上升限位开关 LS3 和左限位开关 LS1 被压下,原点显示

灯亮。

②系统启动后,若有球,接近开关 PS0 动作,机械手下行。此时,若碰到的是大球,则下降限位开关 LS2 仍为断开状态;若碰到的是小球,则下降限位开关 LS2 为闭合状态。

③Y001 得电,接通控制吸球的电磁线圈,吸球。确保球吸稳的时间为 1 s。

④吸球完成后,机械手上行。碰到上升限位开关 LS3,停止上行,开始右行。

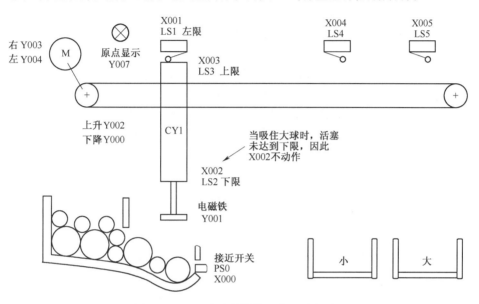

图 6-15　大、小球分拣传送装置示意图

⑤假设吸盘吸起小球,碰到右限位开关 LS4(小球的右限位开关)后,停止右行再向下行;假设吸盘吸起大球,碰到右限位开关 LS5(大球的右限位开关)后,停止右行再向下行。下行碰到下降限位开关 LS2 后,将球释放(释放时间设为 1 s)到球箱里,然后上行,碰到上升限位开关 LS3 再左行,返回到原位。

⑥如果筐内仍有球,机械手再次下行,开始新一轮工作,直到框内无球,自动停止在原点。

本任务要求有手动、回原点、单步、单周期、自动等运行方式。用 PLC 状态转移图和 IST 功能指令实现此设计。

知识准备

IST 指令功能

本任务初始程序中使用初始化指令 IST。IST 指令功能格式如图 6-16 所示。

图 6-16　IST 指令功能格式

①IST 指令是在自动控制中对步进阶梯的状态初始化及特殊辅助继电器的指令切换,操作数中各项的意义如下:源[S·]为指定运行模式的初始输入,共 8 个连续的元件,其指定的软元件如下,设源[S·]为 X020,则

[S·] + 0 = X020:手动操作控制;　　[S·] + 1 = X021:返回原位控制;

[S·] + 2 = X022:单步操作控制;　　[S·] + 3 = X023:一次循环控制;

〔S·〕+ 4 = X024:自动循环控制; 〔S·〕+ 5 = X025:返零启动;

〔S·〕+ 6 = X026:自动操作启动; 〔S·〕+ 7 = X027:停止。

目标〔D1·〕为自动运行模式中状态元件最小号码;目标〔D2·〕为自动运行模式中状态元件最大号码。

②IST 指令用到的初始状态的号码和特殊辅助继电器如下:

S0:手动操作初始态;S1:返零操作初始态;S2:自动操作初始态。M8040:禁止转移;M8041:开始转移;M8042:启动脉冲;M8043:返零完成;M8044:检测到机械零位;M8047:STL 监测有效。

③IST 指令在编程时只能使用一次,且必须放在程序的开始,即被控制的 STL 指令之前。

④编程时,一般是先编好手动操作程序,再编返回原点程序,再编自动循环的程序。编写时,一般先画流程图,再编梯形图。以下用机械手的例子说明 IST 指令用法。

注意:输入信号 X010 ~ X014 必须用五挡旋转开关,保证这组信号不可能有两个或两个以上的输入信号同时为 ON 状态。IST 指令操作面板如图 6 – 17 所示。

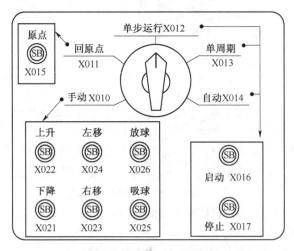

图 6 – 17　IST 指令操作面板

📖 任务实现

1. I/O 分配

输入:

X000——接近开关 PS0　　　　　　X001——左限行程开关 LS1

X002——下降限位行程开关 LS2　　X003——上升限位行程开关 LS3

X004——右限(小球)行程开关 LS4　X005——右限(大球)行程开关 LS5

X010——手动控制 SA – 1　　　　　X011——回原点控制 SA – 2

X012——单步运行 SA – 3　　　　　X013——单周期运行 SA – 4

X014——自动运行 SA – 5　　　　　X015——回原点启动按钮 SB1

X016——运行启动按钮 SB2　　　　X017——运行停止按钮 SB3

X021——手动下降按钮 SB4　　　　X022——手动上升按钮 SB5

X023——手动右移按钮 SB6　　　　X024——手动左移按钮 SB7

X025——手动吸球按钮 SB8　　　　X026——手动放球按钮 SB9

输出:

Y000——机械手下降　　　　　　Y001——吸球电磁铁

Y002——机械手上升　　　　　　Y003——机械手右行

Y004——机械手左行　　　　　　Y007——原点指示

2. 绘制大、小球分拣传送装置 PLC 的 I/O 接线图

绘制大、小球分拣传送装置 PLC 的 I/O 接线图如图 6 - 18 所示。

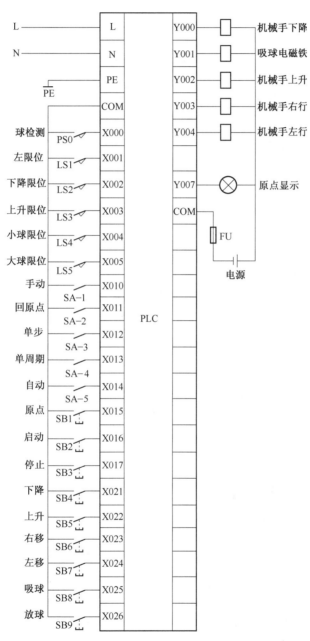

图 6 - 18　大、小球分拣传送装置 PLC 的 I/O 接线图

3. 大、小球分拣传送装置 PLC 程序设计

（1）初始化程序

初始化程序保证了机械手必须在原位才能进入自动工作方式,如图 6 - 19 所示。

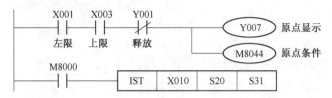

图 6 - 19　大、小球分拣传送装置初始化程序

（2）手动程序

X021 ~ X026 对应机械手的上下左右移动和吸球放球的按钮。按下不同的按钮，机械手执行相应的动作。若在左、右移动的程序中，串联上升限位开关的常开触点可以避免机械手在较低位置移动时碰撞到其他工件。为保证系统安全运行，程序之间还进行了必要的联锁。大、小球分拣传送装置手动程序如图 6 - 20 所示。

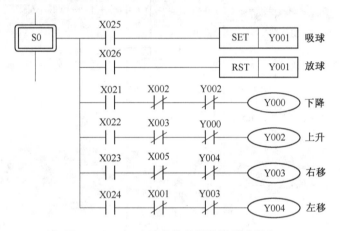

图 6 - 20　大、小球分拣传送装置手动程序

（3）回原点程序

大、小球分拣传送装置回原点程序如图 6 - 21 所示。在系统处于回原点工作状态时，只需按下回原点按钮，机械手即可自动回到原点位置。图中除初始状态继电器外，其他状态继电器应使用回零状态继电器 S10 ~ S19。

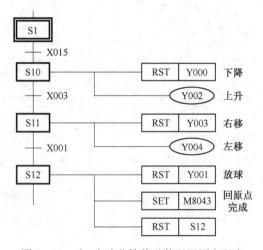

图 6 - 21　大、小球分拣传送装置回原点程序

（4）自动程序

大、小球分拣传送装置自动工作程序如图6-22所示。其中，M8041和M8044都是在初始化程序中设定的，在程序运行中不再更改。

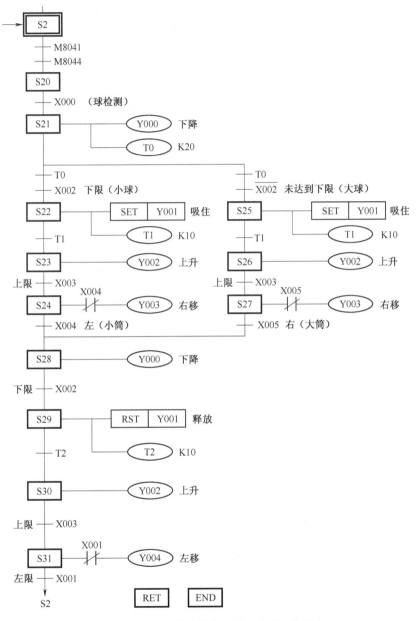

图6-22　大、小球分拣传送装置自动工作程序

（5）大、小球分拣传送装置整体程序

大、小球分拣传送装置整体程序如图6-23、图6-24所示。状态转移图程序已转换为步进顺控程序。

4. 程序分析

①步0～步6，原点位置，LS1、LS3闭合，X001、X003接通，机械手未吸球，原点指示灯亮。符合原点条件，M8044得电。

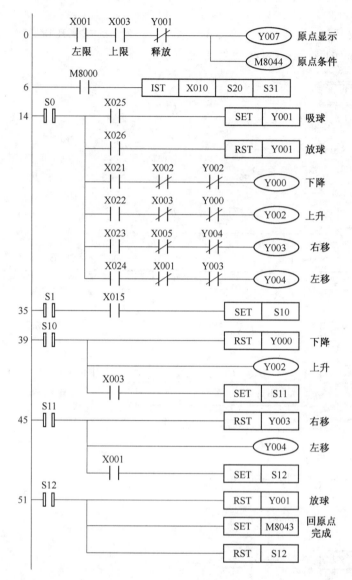

图 6-23 大、小球分拣传送装置整体程序 1 段

②步 6~步 14,PLC 送电,M8000 接通,执行 IST 功能指令。

③步 14~步 35,选择开关选择在手动位置时,开关 SA-1 闭合,X010 接通,选择状态 S0,执行机械手手动动作。

按下按钮 SB4,X021 接通,Y000 得电,机械手下降;按下按钮 SB5,X022 接通,Y002 得电,机械手上升;按下按钮 SB6,X023 接通,Y003 得电,机械手右移;按下按钮 SB7,X024 接通,Y004 得电,机械手左移;按下按钮 SB8,X025 接通,置位 Y001,机械手吸球;按下按钮 SB9,X026 接通,复位 Y001,机械手放球。

④步 35~步 39,选择开关选择在回原点位置时,开关 SA-2 闭合,X011 接通,选择状态 S1。按下回原点启动按钮 SB1,X015 接通,激活状态 S10。

⑤步 39~步 45,状态 S10。复位 Y000,Y002 得电,机械手上升,碰到上升限位 LS3,X003 接通,激活状态 S11。

⑥步 45~步 51,状态 S11。复位 Y003,Y004 得电,机械手左移,碰到左限位 LS1,X001

接通,激活状态 S12。

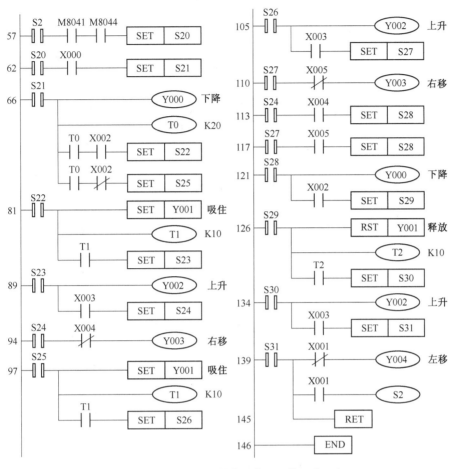

图 6-24　大、小球分拣传送装置整体程序 2 段

⑦步 51 ~ 步 57,状态 S12。复位 Y001,释放吸球电磁铁。置位 M8043,回原点完成,复位 S12 状态。

⑧步 57 ~ 步 62,选择开关选择在(单步,单周期、自动)位置时,开关 SA-3(或者 SA-4、或者 SA-5)闭合,X012(或者 X013,或者 X014)接通,选择状态 S2。回原点完成后,M8041、M8044 接通,激活状态 S20。

⑨步 62 ~ 步 66,状态 S20。如果筐内有球,球检测 PS0 闭合,X000 接通,激活状态 S21。筐内无球,则机械手处于等待状态。调试时将此点闭合。

⑩步 66 ~ 步 81,状态 S21。Y000 得电,机械手下降,行程控制 T0 时间设置为 2 s,T0 时间到,如果 LS2 动作,意味着机械手碰到的是小球,X002 接通,激活状态 S22;如果 LS2 未动作,意味着机械手碰到的是大球,X002 断开,激活状态 S25。

⑪步 81 ~ 步 89,状态 S22。Y001 得电,吸球。T1 吸稳时间 1 s,T1 时间到,吸球完成。T1 接通,激活状态 S23。

⑫步 89 ~ 步 94,状态 S23。Y002 得电,机械手上升,碰到上升限位 LS3,停止上升。X003 接通,激活状态 S24。

⑬步 94 ~ 步 97,状态 S24。Y003 得电,机械手右移,碰到小球限位 LS4,X004 断开,Y003 失电,停止右移。

⑭步 97 ~ 步 105,状态 S25。Y001 得电,吸球。T1 吸稳时间 1 s,T1 时间到,吸球完成。T1 接通,激活状态 S26。

⑮步 105 ~ 步 110,状态 S26。Y002 得电,机械手上升,碰到上升限位 LS3,停止上升。X003 接通,激活状态 S27。

⑯步 110 ~ 步 113,状态 S27。Y003 得电,机械手右移,碰到大球限位 LS5,X005 断开,Y003 失电,停止右移。

⑰步 113 ~ 步 117,如是小球,碰到右限位 LS4,X004 接通,激活状态 S28。

⑱步 117 ~ 步 121,如是大球,碰到右限位 LS5,X005 接通,激活状态 S28。

⑲步 121 ~ 步 126,状态 S28。Y000 得电,机械手下降,下降到位碰到 LS2 开关,停止下降。X002 接通,激活状态 S29。

⑳步 126 ~ 步 134,状态 S29。复位 Y001,放球,放稳时间 T2 设置为 1 s。T2 时间到,放球结束。T2 接通,激活状态 S30。

㉑步 134 ~ 步 139,状态 S30。Y002 得电,机械手上升,碰到上升限位 LS3,停止上升。X003 接通,激活状态 S31。

㉒步 139 ~ 步 145,状态 S31。Y004 得电,机械手左移,碰到左限位 LS1,X001 常闭触点断开,Y004 失电,停止左移;X001 常开触点接通,返回初始状态 S2。

㉓步 145 ~ 步 146,自动工作步进状态返回。

5. 程序调试

本任务调试均以吸住大球为例。若以小球为例,请接开关 LS4,并且在每次机械手下降吸球时合上开关 LS2。完成吸住大球的调试后,可参照吸住大球的调试过程自行调试。

注意:调试过程中,机械手运行碰到行程开关,行程开关闭合;离开行程开关,行程开关断开。

(1)手动调试

▶ 步骤 0:接通手动开关 SA－1,X010 闭合,断开所有限位,如图 6－25 所示。(开关状态:向上闭合,向下断开,以下同)

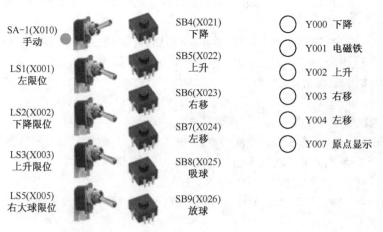

图 6－25　手动调试步骤 0 状态

▶ 步骤 1:按下下降按钮 SB4,X021 接通,Y000 得电,机械手下降。当相应方向限位开关动作时,相应方向不能工作,如图 6－26 所示。

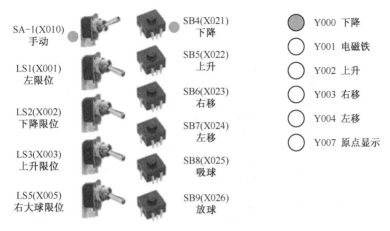

图 6 - 26   手动调试步骤 1 状态

▶ 步骤 2：按下上升按钮 SB5，X022 接通，Y002 得电，机械手上升。当相应方向限位开关动作时，相应方向不能工作，如图 6 - 27 所示。

图 6 - 27   手动调试步骤 2 状态

▶ 步骤 3：按下右移按钮 SB6，X023 接通，Y003 得电，机械手右移。当相应方向限位开关动作时，相应方向不能工作，如图 6 - 28 所示。

图 6 - 28   手动调试步骤 3 状态

▶ 步骤 4:按下左移按钮 SB7,X024 接通,Y004 得电,机械手左移。当相应方向限位开关动作时,相应方向不能工作,如图 6-29 所示。

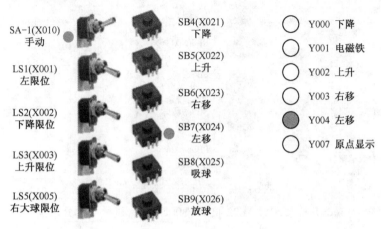

图 6-29　手动调试步骤 4 状态

▶ 步骤 5:按下吸球按钮 SB8,X025 接通,置位 Y001,机械手吸球,如图 6-30 所示。

图 6-30　手动调试步骤 5 状态

▶ 步骤 6:按下放球按钮 SB9,X026 接通,复位 Y001,机械手放球,如图 6-31 所示。

图 6-31　手动调试步骤 6 状态

（2）回原点调试

⊙ 步骤0：接通手动开关SA-2，X011闭合，断开所有限位。机械手可以在任意位置，如图6-32所示。

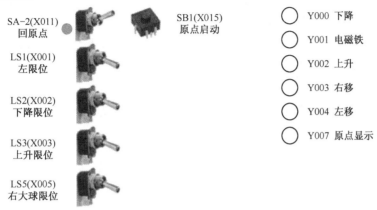

图6-32　回原点调试步骤0状态

⊙ 步骤1：按下回原点按钮SB1，X015闭合，Y002得电，机械臂上升，如图6-33所示。

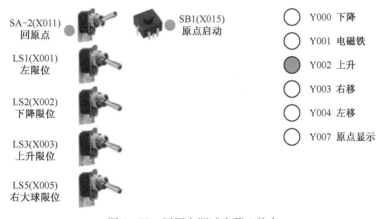

图6-33　回原点调试步骤1状态

⊙ 步骤2：上升到位，碰到上限位开关LS3，X003接通，Y004得电，机械臂左移，如图6-34所示。

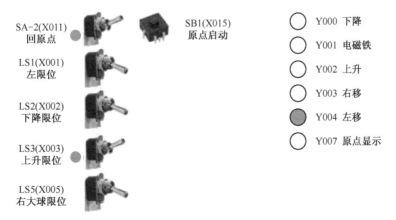

图6-34　回原点调试步骤2状态

▶ 步骤 3:左移碰到左限位开关 LS1,X001 接通,Y004 失电,机械臂停止左移。机械手完成回原点,原点指示 Y007 得电,如图 6-35 所示。

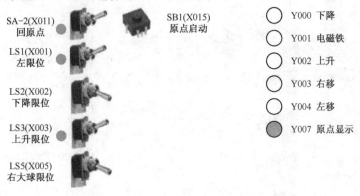

图 6-35　回原点调试步骤 3 状态

（3）自动运行调试

注意：单步、单周期、自动运行调试前必须进行回原点操作,回原点标志 M8043 得电。调试自动运行时,需要合上开关 PS0。

▶ 步骤 0:完成回原点操作后,左限位开关 LS1、上升限位开关 LS3 闭合,原点显示 Y007 得电。接通自动运行开关 SA-5,X014 闭合,就可以进行自动运行调试了,如图 6-36 所示。

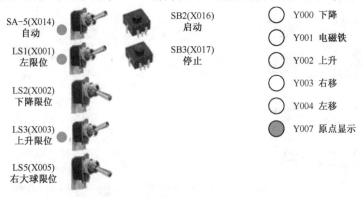

图 6-36　自动运行调试步骤 0 状态

▶ 步骤 1:按下启动按钮 SB2,X016 接通,Y000 得电,机械手下降,上升限位开关 LS3 断开,X003 断开,如图 6-37 所示。

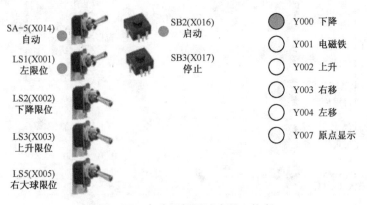

图 6-37　自动运行调试步骤 1 状态

注意:因为假定是大球,步骤1→步骤2时间为2 s,步骤2→步骤3时间为1 s,自动完成。

⏵ **步骤2**:下降时间控制T0时间到,Y000失电,停止下降。假定LS2不动作,此时机械手碰到的是大球。Y001得电,电磁铁吸球,如图6-38所示。

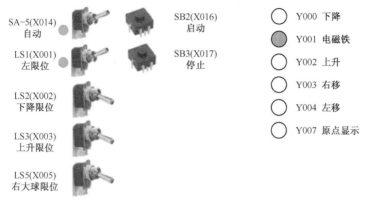

图6-38 自动运行调试步骤2状态

⏵ **步骤3**:吸球1 s时间到,T1常开触点接通,Y002得电,机械手吸球后上升,如图6-39所示。

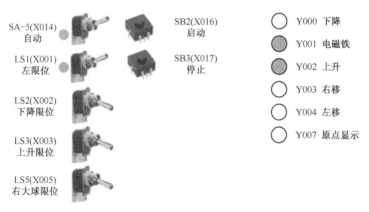

图6-39 自动运行调试步骤3状态

⏵ **步骤4**:碰到上升限位开关LS3,X003接通,Y002失电,机械手停止上升。Y003得电,机械手右移,断开左限位开关LS1,如图6-40所示。

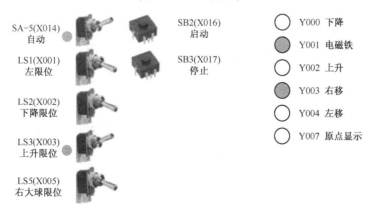

图6-40 自动运行调试步骤4状态

▶ 步骤5:碰到右限位开关 LS5(大球),X005 接通,Y003 失电,机械手停止右移。Y000 得电,机械手下降,断开上升限位开关 LS3,如图 6-41 所示。

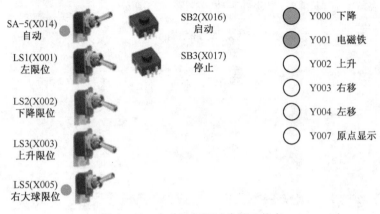

图 6-41　自动运行调试步骤 5 状态

▶ 步骤6:碰到下降限位开关 LS2,X002 接通,Y000 失电,机械手停止下降。Y001 失电,释放球,如图 6-42 所示。

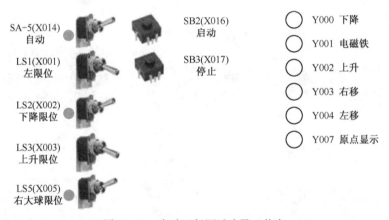

图 6-42　自动运行调试步骤 6 状态

▶ 步骤7:放球 1 s 时间到,T2 常开触点接通,Y002 得电,机械手上升。断开下降限位开关 LS2,如图 6-43 所示。

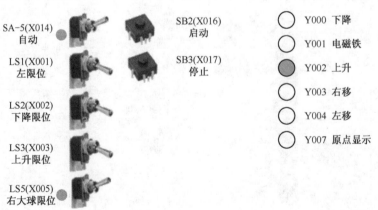

图 6-43　自动运行调试步骤 7 状态

▶ **步骤8:** 碰到上升限位开关 LS2，X003 接通，Y002 失电，机械手停止上升。Y004 得电，机械手左移，断开左限位开关 LS5，如图 6-44 所示。

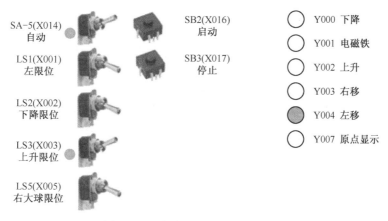

图 6-44　自动运行调试步骤 8 状态

▶ **步骤9:** 碰到左限位开关 LS1，X001 接通，Y004 失电，机械手停止左移，回到原点，原点显示 Y007 亮，如图 6-36 所示。如果此时筐内仍有球，机械手将再次下降，见自动运行调试步骤 1。

（4）单步运行调试

在回原点完成的情况下，即回原点标志 M8043 得电的情况下，接通单步开关 SA-3，X012 闭合，进入单步运行。按下启动按钮 SB2（X016），IST 指令使开始转移标志 M8041 工作（不自保），使禁止转移标志 M8040 解禁一个扫描周期，使程序从当前步的停留状态自动运行到下一步，之后又停留在下一步。每按一次启动按钮工作一步，实现单步工作。单步调试可参照自动运行调试的步骤逐步调试。

（5）单周期运行调试

在回原点完成的情况下，即回原点标志 M8043 得电的情况下，接通单周期开关 SA-4，X013 闭合，进入单周期运行。按下启动按钮 SB2（X016），IST 指令使开始转移标志 M8041 闭合（不自保），使程序自动从初始步 S2 切换到 S20，进而循环工作一周，从最后工作步 S31 返回初始步 S2。由于此时开始转移标志 M8041 已断开，使程序自动停留在初始步 S2，实现单周期工作。每按一次启动按钮 SB2，程序工作一周，之后停留于初始步。单周期调试与自动运行调试的步骤相同，只是程序完成一周工作返回初始步后不能自动循环，需要再次按下启动按钮才能继续工作。

任务三　艺术彩灯控制

任务描述

随着经济的发展，城镇景观照明也发生了变化，每当夜幕降临，楼宇上、道路旁的霓虹灯构筑了美丽的城市夜景。本任务设计一组彩灯控制，共九盏，合上开关后，可以显示不同的花样，如图 6-45 所示。控制要求如下：

①由 L1→L9 正序循环移动点亮；

②由 L9→L1 逆序移动点亮；

③由 L1→L9 正序点亮，然后正序熄灭；

④由 L9→L1 逆序点亮，然后全部熄灭；

⑤以 0.5 s 间隔由内向外闪烁，三次；

⑥整体闪烁，时间 2 s；

⑦自动循环。灯的切换时间为 600 ms，每个状态时间间隔 1 s。

用移位、循环移位等功能指令完成本任务 PLC 程序设计。

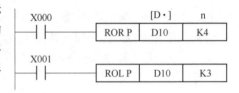

图 6-45　艺术彩灯示意图

艺术彩灯控制

知识准备

1. 左、右循环指令

1）指令格式

循环右移指令 FNC30　ROR［D·］　n

循环左移指令 FNC31　ROL［D·］　n

其中：［D·］为要移位目标软组件，n 为每次移动的位数。

目标操作数可取 KnY、KnM、KnS、T、C、D、V 和 Z。移动位数 n 为 K 和 H 指定的常数。

2）指令用法

循环右移指令 ROR 的功能是将指定的目标软组件中的二进制数按照指令中 n 规定的移动的位数由高位向低位移动，最后移出的那一位将进入进位标志位 M8022。左、右移循环指令梯形图格式如图 6-46 所示。

假设 D10 中的数据为 HFF00，当 X000 由 OFF→ON 时执行这条循环右移指令，如图 6-47 所示。由于指令中 K4 指示每次循环右移四位，所以最低四位被移出，并循环回补进入高四位中。所以，循环右移四位 D10 中的内容将变为 H0FF0。最后移出的是第三位的"0"，它除了回补进入最高位外，同时进入进位标志 M8022 中。

循环左移指令 ROL 的执行类似于循环右移指令 ROR，只是移位方向相反。

图 6-46　左、右移循环指令梯形图格式

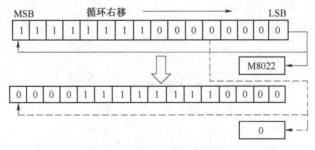

图 6-47　循环右移指令的示意图

2. 位组件左移、位组件右移指令

1）指令格式

位组件右移指令　FNC34　SFTR　［S·］［D·］n1　n2

位组件左移指令　FNC35　SFTL　［S·］［D·］n1　n2

其中:[S·]为移位的源位组件首地址,[D·]为移位的目位组件首地址,n1为目位组件个数,n2为源位组件移位个数,源操作数为 Y、X、M、S,目操作数为 Y、M、S,n1 和 n2 为常数 K 和 H。

2)指令用法

位右移是指源位组件的低位将从目的高位移入,目位组件向右移 n2 位,源位组件中的数据保持不变。位右移指令执行后,n2 各源位组件中的数被传送到了目的高 n2 位中,目位组件中的低 n2 位数从其低端溢出。指令工作示意图如图 6−48 所示。

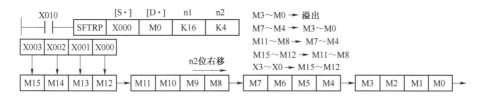

图 6−48 SFTR 指令工作示意图

对于图 6−48,如果 X010 断开,则不执行这条 SFTR 指令,源、目中的数据均保持不变;如果 X010 接通,则将执行位组件的右移操作,即源中的 4 位数据 X003 ~ X000 将被传送到目位组件中的 M15 ~ M12。目位组件中的 16 位数据 M15 ~ M0 将右移 4 位,M3 ~ M0 等 4 位数据从目的低位端移出,所以 M3 ~ M0 中原来的数据将丢失,但源中 X003 ~ X000 的数据保持不变。

位左移与位右移类似,只是方向相反。

⏳任务实现

1. I/O 分配

输入:

X000——控制开关 K

输出:

Y000——L1　　Y006——L7

Y001——L2　　Y007——L8

Y002——L3　　Y010——L9

Y003——L4

Y004——L5

Y005——L6

2. 画出艺术彩灯控制 PLC 的 I/O 接线图

艺术彩灯控制 PLC 的 I/O 接线图如图 6−49 所示。

3. 编写艺术彩灯控制 PLC 程序

艺术彩灯控制 PLC 程序包括三

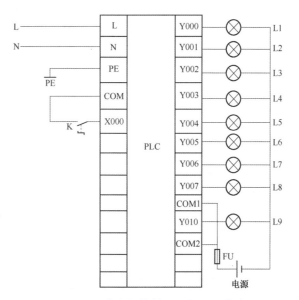

图 6−49 艺术彩灯控制 PLC 的 I/O 接线图

部分:一是初始程序段,包括脉冲产生程序;二是艺术彩灯控制的状态转移图程序;三是控制结果输出程序。艺术彩灯控制的状态转移图程序如图 6−50 所示,初始程序段如图 6−51 所示,控制结果输出程序如图 6−52 所示。

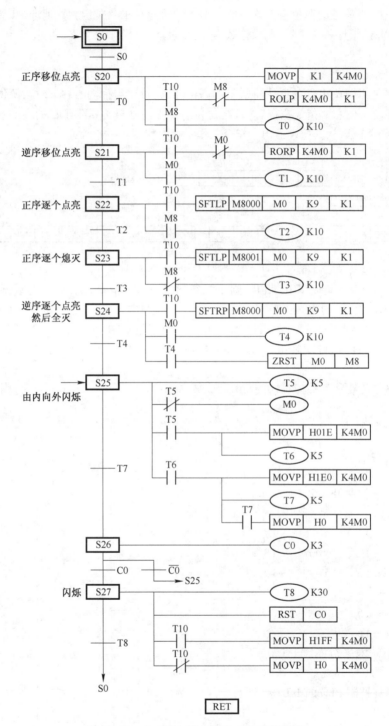

图 6-50 艺术彩灯控制的状态转移图程序

艺术彩灯控制整体程序如图 6-53、图 6-54 所示。状态转移图程序已转换为步进顺控程序。

4. 程序分析

①步 0~步 6,步进状态清零初始化。

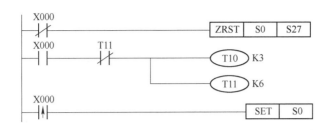

图 6-51 初始程序段

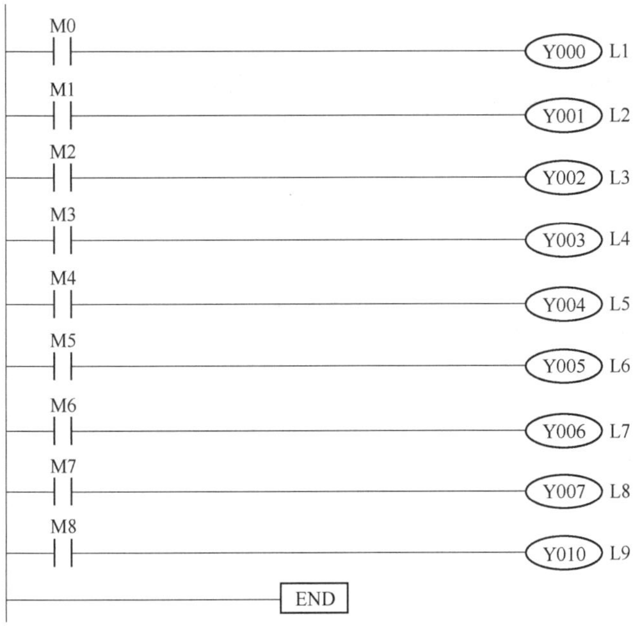

图 6-52 控制结果输出程序

②步 6 ~ 步 14，产生由 T10 输出的 0.6 s 周期的脉冲列。改变 T10、T11 的定时时间可以改变脉冲列的周期，从而改变彩灯变化的频率。

③步 14 ~ 步 18，启动控制。

④步 18 ~ 步 22，状态 S0。激活状态 S20，艺术彩灯开始工作。

⑤步 22 ~ 步 45，状态 S20。用 MOV 指令将 M0 置 1，用循环左移指令 ROL 将 M0 ~ M8 依次轮流置 1，即彩灯正序依次轮流点亮，至 M8 置 1 时停止。M8 接通定时器 T0，T0 延时时间到，激活状态 S21。

⑥步 45 ~ 步 60，状态 S21。用循环右移指令 ROR 将 M8 ~ M0 依次轮流置 1，即彩灯逆序依次轮流点亮，至 M0 置 1 时停止。M0 接通定时器 T1，T1 延时时间到，激活状态 S22。

⑦步 60 ~ 步 78，状态 S22。用位组件左移指令 SFTL 将 M0 至 M8 依次置 1，即彩灯正序依次逐个点亮，至 M8 置 1 时停止。M8 接通定时器 T2，T2 延时时间到，激活状态 S23。

⑧步 78 ~ 步 96，状态 S23。用位组件左移指令 SFTL 将 M0 至 M8 依次置 0，即彩灯正序依次逐个熄灭，至 M8 置 0 时停止。M8 常闭触点接通定时器 T3，T3 延时时间到，激活状态 S24。

⑨步 96 ~ 步 120，状态 S24。用位组件右移指令 SFTR 将 M8 至 M0 依次置 1，即彩灯逆

序依次逐个点亮,至 M0 置 1 时停止。M0 接通定时器 T4,T4 延时时间到,全部灯熄灭,T4 常
开触点闭合,激活状态 S25。

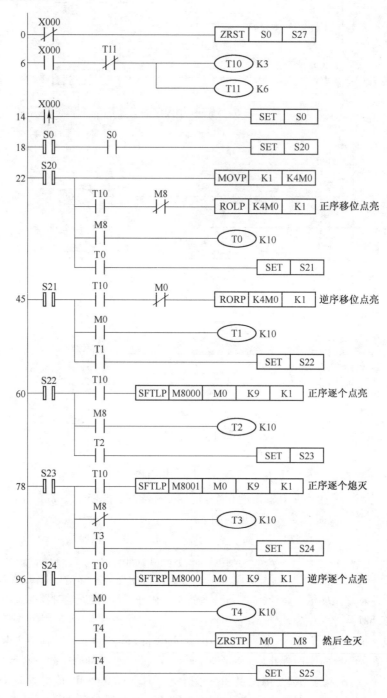

图 6 - 53 艺术彩灯控制整体程序 1 段

⑩步 120 ~ 步 158,状态 S25。先接通 M0 使中心灯亮,T5 延时 0.5 s 到再用 MOV 指令将
M1 ~ M4 置 1 使中间层四盏灯亮,T6 延时 0.5 s 再将 M5 ~ M8 置 1 使外层四盏灯亮,然后 T7
延时 0.5 s 全部熄灭。T7 延时时间到,激活状态 S26。

⑪步 158 ~ 步 170,状态 S26。控制灯由内向外点亮的次数,当 C0 计数到,停止由内向外

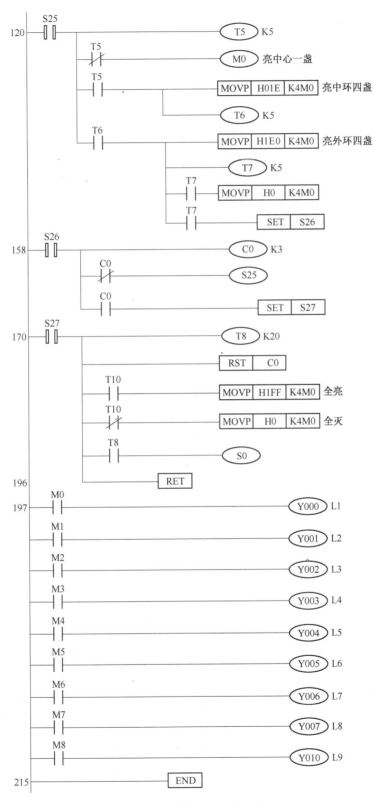

图 6-54 艺术彩灯控制整体程序 2 段

闪烁,C0 常开触点激活状态 S27。

⑫步 170 ~ 步 196,状态 S27。对计数器 C0 复位。用 MOV 指令控制全部彩灯的亮灭,即整体彩灯的闪烁,T8 时间到,返回初始状态 S0。

⑬步 196 ~ 步 197,状态返回指令。

⑭步 197 ~ 步 215,将对 M0 ~ M8 的控制转换成实际的对外输出控制,因为辅助继电器 M 不能对外输出。

5. 程序调试

注意:本任务调试艺术彩灯的步骤较少,合上开关后艺术彩灯自行变化,主要是观察艺术彩灯的动作及梯形图软件的工作状态,以便及时发现错误并修正程序。

▶ 步骤 0:未启动状态,如图 6 - 55 所示。(开关状态:向上闭合,向下断开,以下同。)

图 6 - 55　步骤 0 状态

▶ 步骤 1:合上开关 K,灯 L1 亮,如图 6 - 56 所示。

图 6 - 56　步骤 1 状态

▶ 步骤 2:然后,每隔 0.6 s 亮一盏轮流点亮,直到第九盏灯 L9 亮,如图 6 - 57 所示。

图 6 - 57　步骤 2 状态

▶ 步骤 3:1 s 后逆序依次轮流点亮,直到第一盏灯 L1 亮,如图 6 - 58 所示。

图 6 - 58　步骤 3 状态

▶ 步骤4:然后正序每0.6 s点亮亮一盏,直到九盏灯全亮,如图6-59所示。

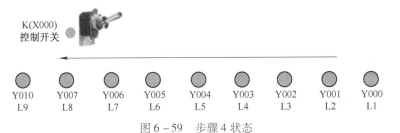

图6-59 步骤4状态

▶ 步骤5:1 s后灭灯L1,如图6-60所示。

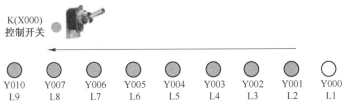

图6-60 步骤5状态

▶ 步骤6:然后正序每隔0.6 s灭一盏,直到九盏灯全灭,如图6-61所示。

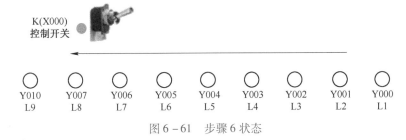

图6-61 步骤6状态

▶ 步骤7:1 s后灯L9点亮,如图6-62所示。

图6-62 步骤7状态

▶ 步骤8:然后逆序每0.6 s点亮一盏,直到九盏灯全亮,如图6-63所示。

图6-63 步骤8状态

▶ 步骤 9:1 s 后灯全灭,如图 6-64 所示。

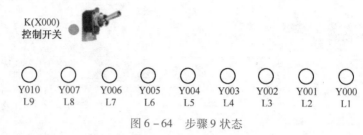

图 6-64 步骤 9 状态

▶ 步骤 10:然后中心灯 L1 亮(如果接成灯塔之光的形式),如图 6-65 所示。步骤 9 到步骤 10 之间时间极短。

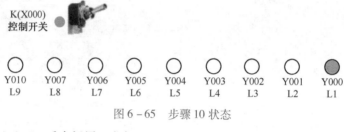

图 6-65 步骤 10 状态

▶ 步骤 11:0.5 s 后中间层四盏灯 L2、L3、L4、L5 点亮,如图 6-66 所示。

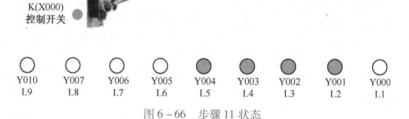

图 6-66 步骤 11 状态

▶ 步骤 12:再过 0.5 s 外层四盏灯 L6、L7、L8、L9 点亮,如图 6-67 所示。

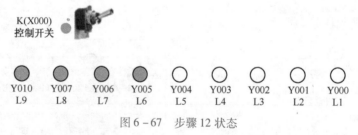

图 6-67 步骤 12 状态

▶ 步骤 13:步骤 10 至步骤 12 循环三次,然后全部点亮,如图 6-68 所示。

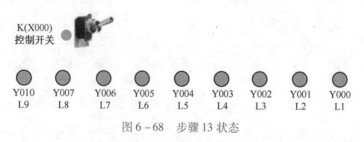

图 6-68 步骤 13 状态

步骤14:然后全部熄灭,如图6-69所示。按0.6 s的周期闪烁。

图6-69 步骤14状态

步骤15:2 s后,返回步骤1状态。

任务四 PLC在C650-2车床电气控制系统中的应用

任务描述

卧式车床是机械加工中广泛使用的一种机床,可以用来加工各种回转表面、螺纹和端面。车床主轴由一台主电动机拖动,并经机械传动链,实现对工件切削主运动和刀具进给运动的联动输出,其运动速度可通过手柄操作变速齿轮箱进行切换。刀具的快速移动以及冷却系统和液压系统的拖动,则采用单独电动机驱动。在项目三任务一中,该控制电路为继电器-接触器控制,接触触点多,线路相对复杂,故障较多,维修人员任务较重。本任务用PLC实现对车床的电气控制。PLC控制系统克服了继电器-接触器控制系统的线路复杂、故障较多等缺点,大大降低了设备故障率,减轻了维修人员的工作量,提高了生产效率。

知识准备

1. 施工设计

PLC控制系统施工设计要完成以下工作:

①画出电动机主电路以及不进入PLC的其他电路。

②画出PLC输入/输出端子接线图。

a. 按照现场信号与PLC软继电器编号对照表的规定,将现场信号线接在对应的端子上。

b. 输入电路一般由PLC内部提供电源,输出电路需要根据负载额定电压外接电源。

c. 输出电路要注意每个输出继电器的触点容量及公共端(COM)的容量。

d. 接入PLC输入端带触点的电气元件一般尽量用常开触点。

e. 执行电器若为感性负载,交流要加阻容吸收回路,直流要加续流二极管。

f. 输出公共端应加熔断器保护,以免负载短路引起PLC的损坏。

③画出PLC的电源进线图和执行电器供电系统控制图。

a. 电源进线处应设置紧急停止PLC的外接继电器。

b. 若用户电网电压波动较大或附近有大的磁场干扰源,需在电源与PLC间加隔离变压器或电源滤波器。

④电气柜结构设计及画出柜内电器的位置图。PLC的主机和扩展单元可以和电源断路器、变压器、主控继电器以及保护电器一起安装在控制柜内,既要防水、防尘、防腐蚀,又要注意散热。若PLC的环境温度大于55 ℃时,要用风扇强制冷却。PLC与柜壁间的距离不得小

PLC在C650-2车床电气控制系统中的应用

于 100 mm,与顶盖、底板间距离要在 150 mm 以上。

⑤画现场布线图。PLC 系统应单独接地,其接地电阻应小于 100 Ω,不可与动力电网共用接地线,也不可接在自来水管或房屋钢筋构件上,但允许多个 PLC 或与弱电系统共用接地线,接地极应尽量靠近 PLC 主机。敷设信号线时,要注意与动力线分开敷设(最好保持 200 mm 以上的距离),分不开时要加屏蔽措施,屏蔽要有良好接地。信号线要远离有较强的电气过渡现象发生的设备(如晶闸管整流装置、电焊机等)。

PLC 安装必须具备充足的空间,以便对流冷却。PLC 的输入电源前端要有保护。由于 PLC 有自诊断功能,在进行调试及运行中,可进行程序检查、监视。PLC 的输入/输出状态都有相对应地址的发光二极管显示,当输入信号接通及满足条件,有输出信号时,相应发光二极管亮,便于监视和维修。

2. I/O 的选择方法

1)确定 I/O 点数

有助于识别 PLC 的最低限制因素,要考虑未来扩充和备用(典型 10% ~20% 备用)的需要。

2)离散输入/输出

标准的输入/输出接口可用于从传感器和开关(如按钮、限位开关等)及控制设备(如指示灯、报警器、电动机启动器等)接收信号。典型的交流输入/输出量程为 24 ~ 240 V,直流输入/输出量程为 5 ~ 240 V。

若输入/输出设备由不同电源供电,应当有带隔离的公共线路。

3)模拟输入/输出

模拟输入/输出接口是用来感知传感器产生的信号的。这些接口测量流量、温度和压力的数量值,并用于控制电压或电流输出设备。典型接口量程为 −10 ~ +10 V,0 ~ 10 V,4 ~ 20 mA 或 10 ~ 50 mA。

4)特殊功能输入/输出

在选择一个 PLC 时,用户可能会面临着需要一些特殊类型的且不能用标准 I/O 实现的 I/O 限定(如定位、快速输入、频率等)的情况。用户应当考虑厂家是否提供一些特殊的有助于最大限度减小控制作用的模块。

5)智能式输入/输出

所谓智能式输入/输出模块,就是模块本身带有处理器,对输入或输出信号做预先规定的处理,将其处理结果送入中央处理机或直接输出,这样可提高 PLC 的处理速度和节省存储器的容量。

智能式输入/输出模块有:高速计数器、凸轮模拟器、带速度补偿的凸轮模拟器、单回路或多回路的 PID 调节器、RS − 232/422 接口模块等。

3. 系统调试

系统调试步骤如下:

①使用 I/O 表在输出表中"强制"调试,即检查输出表中输出端口为"1"状态时,外围设备是否运行;为"0"状态时,外围设备是否真的停止。也可以交叉地对某些设备做"1"与"0"的"强制",应考虑供电系统是否能保证准确而安全地启动或者停止。

②通过人机命令,在用户软件监视下考核外围设备的启动或停止。对于某些关键设备,为了能及时判断它们的运行状态,可以在用户软件中加入一些人机命令联锁,细心地检查它们,检查正确后,再将这些插入的人机命令拆除。这种做法类似于软件调试设置断点或语言调试的暂停。

③空载调试全部完成后,要对现场再做一次完整的检查,去掉多余的中间检查用的临时

配线、临时布置的信号,将现场做成真正使用时的状态。

4. C650 - 2 车床结构及控制要求

C650 - 2 车床结构及控制要求见项目三任务一。

任务实现

1. I/O 分配

输入:

X000——主轴停止按钮 SB1　　　　X001——主轴点动按钮 SB2

X002——主轴正转按钮 SB3　　　　X003——主轴反转按钮 SB4

X004——冷却泵停止按钮 SB5　　　X005——冷却泵启动按钮 SB6

X006——快速行程开关 SQ　　　　 X007——主轴热继电器 FR1

X010——冷却泵热继电器 FR2　　　X011——速度继电器正向 KS - 1

X012——速度继电器反向 KS - 2

输出:

Y000——主轴正转接触器 KM1　　　Y001——主轴反转接触器 KM2

Y002——主轴制动接触器 KM3　　　Y003——冷却泵接触器 KM4

Y004——快速电动机接触器 KM5　　Y005——电流表控制继电器 K

2. 绘制 C650 - 2 车床电气控制 PLC 的 I/O 接线图

C650 - 2 车床电气控制 PLC 的 I/O 接线图如图 6 - 70 所示。C650 - 2 车床主电路如项目三任务一图 3 - 2 所示。

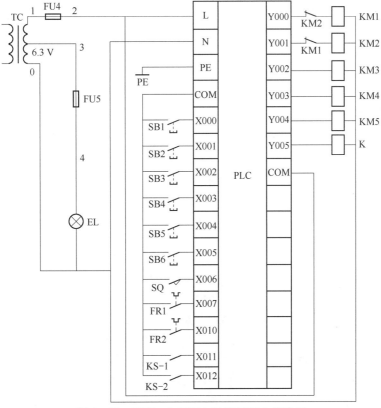

图 6 - 70　C650 - 2 车床电气控制 PLC 接线图

3. C650 – 2 车床电气控制 PLC 程序设计

　　C650 – 2 车床 PLC 程序包括三部分：一是主轴初始及过载保护程序段。二是主轴控制状态转移图程序，分三个支路：主轴点动控制、主轴正转控制、主轴反转控制。三是冷却泵及快速电动机控制程序。C650 车床主轴初始及过载保护程序如图 6 – 71 所示，C650 车床主轴控制状态转移图程序如图 6 – 72 所示，冷却泵及快速电动机控制程序如图 6 – 73 所示。

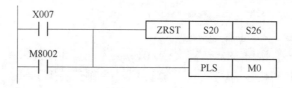

图 6 – 71　C650 车床主轴初始及过载保护程序

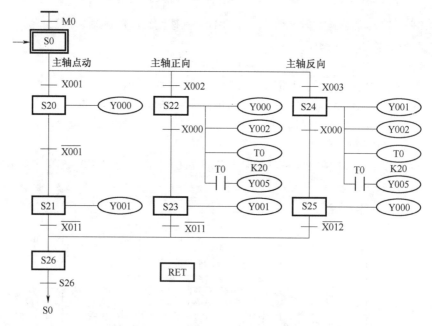

图 6 – 72　C650 车床主轴控制状态转移图

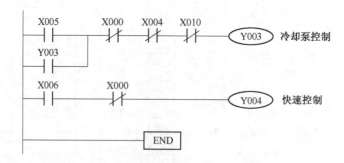

图 6 – 73　冷却泵及快速电动机控制程序

4. 程序分析

　　C650 – 2 车床 PLC 总程序如图 6 – 74 所示。

　　① 步 0 ~ 步 9，步进状态清零初始化以及主轴发生过载保护停机初始化。

　　② 步 9 ~ 步 12，激活状态 S0，启动步进控制。

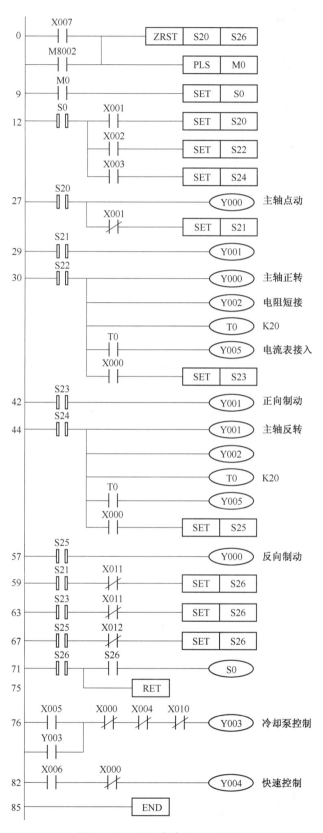

图 6-74 C650 车床 PLC 总程序

③步 12 ~ 步 27,状态 S0。点动、主轴正转、主轴反转启动选择。

④步 27 ~ 步 29,状态 S20。主轴电动机点动控制。按下主轴点动按钮 SB2,X001 接通,进入状态 S20,Y000 得电,电动机点动正转运行,松开主轴点动按钮 SB2,Y000 失电,电动机停止,已闭合的 X001 常闭触点,激活状态 S21。

⑤步 29 ~ 步 30,状态 S21。点动停止,Y001 得电进行反接制动控制。

⑥步 30 ~ 步 42,状态 S22。主轴正转控制。按下主轴正转按钮 SB3,X002 接通,Y000 得电,主轴电动机正转启动,Y002 得电,短接电阻,主轴电动机直接启动。T0 得电延时工作,延时时间到,接通 Y005,继电器 K 常闭触点打开,电流表开始工作。按下停止按钮 SB1,X000 接通,激活状态 S23。Y000、Y002、T0、Y005 均失电,电动机失电。电阻串入主电路。

⑦步 42 ~ 步 44,状态 S23。正转停止,Y001 得电进行反接制动控制。

⑧步 44 ~ 步 57,状态 S24。主轴反转控制。按下主轴反转按钮 SB4,X003 接通,Y001 得电,主轴电动机反转启动,Y002 得电,短接电阻,主轴电动机直接启动。T0 得电延时工作,延时时间到,接通 Y005,继电器 K 常闭触点打开,电流表开始工作。按下停止按钮 SB1,X000 接通,激活状态 S26。Y001、Y002、T0、Y005 均失电,电动机失电。电阻串入主电路。

⑨步 57 ~ 步 59,状态 S25。反转停止,Y000 得电进行反接制动控制。

⑩步 59 ~ 步 63,主轴点动控制反接制动工作结束,速度继电器断开,X011 常闭触点闭合,激活状态 S26。

⑪步 63 ~ 步 67,主轴正转控制反接制动工作结束,速度继电器断开,X011 常闭触点闭合,激活状态 S26。

⑫步 67 ~ 步 71,主轴反转控制反接制动工作结束,速度继电器断开,X012 常闭触点闭合,激活状态 S26。

⑬步 71 ~ 步 75,状态 S26。返回初始状态。

⑭步 75 ~ 步 76,状态返回指令。

⑮步 76 ~ 步 82,冷却泵控制。按下冷却泵启动按钮 SB6,X005 接通,Y003 得电并自锁。冷却泵运转,按下冷却泵停止按钮 SB5,X004 常闭触点断开,Y003 失电,冷却泵停止。按下主轴停止按钮 SB1 时,冷却泵也跟随停止。

⑯步 82 ~ 步 85,快速电动机控制。搬动快速手柄,压合快速行程开关 SQ,X006 接通,Y004 得电,快速电动机工作,溜板箱快速运行。

5. 程序调试

▶ 步骤 0:未启动状态,如图 6 - 75 所示。

SQ(X006)
快速行程开关

FR1(X007)
主轴热继电器

FR2(X010)
冷却泵热继电器

KS-1(X011)
速度继电器正向

KS-2(X012)
速度继电器反向

SB1(X000)
主轴停止

SB2(X001)
主轴点动

SB2(X002)
主轴正转

SB4(X003)
主轴反转

SB5(X004)
冷却泵停止

SB6(X005)
冷却泵启动

◯ Y000　主轴正转接触器KM1

◯ Y001　主轴反转接触器KM2

◯ Y002　主轴制动接触器KM3

◯ Y003　冷却泵接触器KM4

◯ Y004　快速电动机接触器KM5

◯ Y005　电流表控制继电器K

图 6 - 75　步骤 0 状态

● 步骤1：按下点动按钮SB2，X001接通，Y000得电，KM1接通，主轴电动机正转点动运行，如图6-76所示。

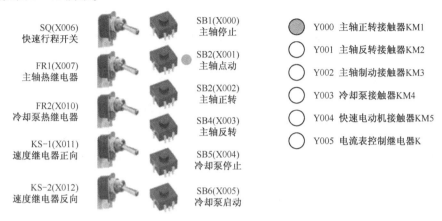

图6-76　步骤1状态

● 步骤2：合上开关KS-1，X011接通，表示电动机转速超过120 r/min，为制动做准备，如图6-77所示。

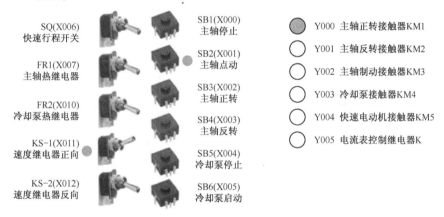

图6-77　步骤2状态

● 步骤3：松开SB2按钮，Y000失电，KM1断开，电动机正向电源断开，Y001得电，KM2接通，进行反接制动，如图6-78所示。

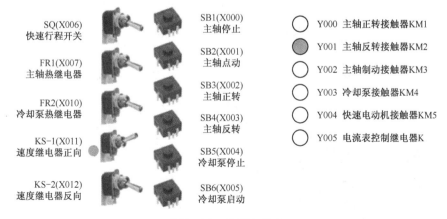

图6-78　步骤3状态

▶ 步骤 4：电动机转速低于 100 r/min，速度继电器 KS - 1 断开，X011 断开，Y001 失电，KM2 断开，电动机制动结束。此时状态恢复到步骤 0，如图 6 - 75 所示。

▶ 步骤 5：按下主轴正转按钮 SB3，X002 接通，Y000、Y002 得电，KM1、KM3 接通，主轴电动机正转直接运行。定时器 T0 得电，如图 6 - 79 所示。

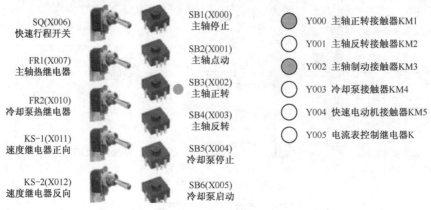

图 6 - 79　步骤 5 状态

▶ 步骤 6：合上开关 KS - 1，X011 接通，表示电动机转速超过 120 r/min，为制动做准备，如图 6 - 80 所示。

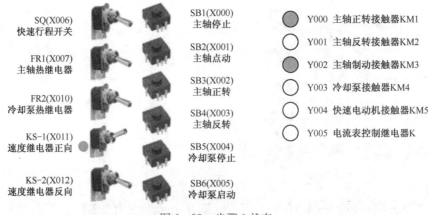

图 6 - 80　步骤 6 状态

▶ 步骤 7：2 s 后，Y005 得电，电流表接入监控主轴电动机电流，如图 6 - 81 所示。

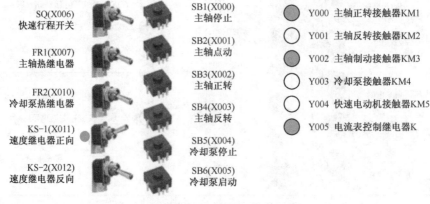

图 6 - 81　步骤 7 状态

▶ 步骤8：按下主轴停止按钮 SB1，X000 常闭触点断开，Y000、Y002、Y005 均失电，KM1、KM3、K 均断开，电动机正向电源断开。Y001 得电，KM2 接通，进行反接制动，如图 6-82 所示。

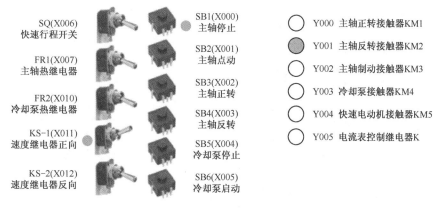

图 6-82　步骤 8 状态

▶ 步骤9：松开主轴停止按钮 SB1，电动机保持制动状态，如图 6-83 所示。

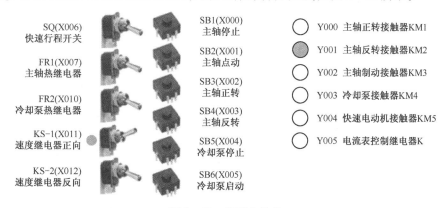

图 6-83　步骤 9 状态

▶ 步骤10：电动机转速低于 100 r/min，速度继电器 KS-1 断开，X011 断开，Y001 失电，KM2 断开，电动机制动结束。此时状态恢复到步骤 0，如图 6-75 所示。

▶ 步骤11：若主轴电动机运行过程中发生过载，电动机停止运行。此时虽然速度继电器 KS-1 仍保持接通，但电动机并无制动，处于自由停车状态，如图 6-84 所示。

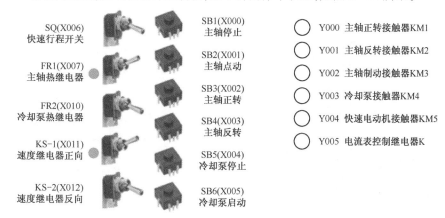

图 6-84　步骤 11 状态

主轴电动机反向启动调试与正向调试相同,只是方向相反,自行调试。

▶ 步骤 12:按下冷却泵启动按钮 SB6,X005 接通,Y003 得电并自锁,KM4 接通,如图 6 - 85 所示。

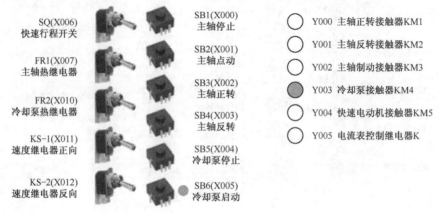

图 6 - 85　步骤 12 状态

▶ 步骤 13:按下冷却泵停止按钮 SB5,X004 常闭触点断开,Y003 失电,冷却泵停止,如图 6 - 86 所示。断开冷却泵热继电器 FR2 同样可使冷却泵电动机停止。

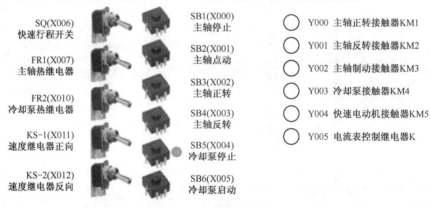

图 6 - 86　步骤 13 状态

▶ 步骤 14:合上快速行程开关 SQ,X006 接通,Y004 得电,KM5 接通,快速电动机工作,如图 6 - 87 所示。断开则快速电动机停止。

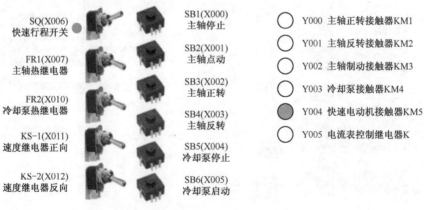

图 6 - 87　步骤 14 状态

习 题 六

简答题

(1)试用状态转移图选择性分支形式设计带正反向的星-三角启动电路。要求启动时间为 3 s,星到角的变换有 0.5 s 的延迟。

(2)如图 6-88 所示,小车在左侧原位可向右侧三地送料,按下 SB1 按钮物料送到 A 处,按下 SB2 按钮物料送到 B 处,按下 SB3 按钮物料送到 C 处。卸料时间为 10 s,卸完料后小车返回原位待命。试用状态转移图选择性分支形式设计。

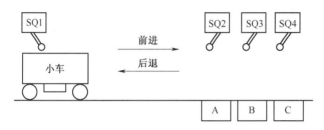

图 6-88 题(2)图

(3)某广告灯牌有八盏灯(L1~L8),要求当合上开关 K 后,灯先以正序每隔 1 s 轮流点亮,当 L8 亮后,停 2 s,然后以反序每隔 1 s 轮流点亮,当 L1 再亮后,停 2 s,重复上述过程。断开开关 K,停止工作。用功能指令完成此 PLC 程序设计。(提示:用左、右循环指令 ROL、ROR 完成此设计。)

(4)试用 PLC 改造 Z3040 摇臂钻床电气控制电路。

(5)用状态转移图设计项目四任务四的多种液体自动混合装置电路。

项目七 **PLC 功能指令应用**

学习目标

1. 会应用 CALL、SRET、ZRST 等常用功能指令编程。
2. 掌握主控 MC、MCR 指令的使用。
3. 会用主控指令、功能指令解决实际控制问题。

任务一 六组抢答器控制

任务描述

用功能指令设计一个用七段数码管（简称 LED）显示的六组智力竞赛抢答器。抢答器结构示意图如图 7 - 1 所示。设有主持人总台及各参赛组分台。总台设有开始、复位按钮和音响，分台设有抢答按钮。控制要求如下：

①各组抢答器必须在主持人给出题目，说"开始"并同时按下了开始按钮后，各组才可开始抢答，数码管显示抢到组的组号，同时音响发声，时间持续 1 s。

②20 s 时间到无组抢答，抢答超时，音响持续发声，该题作废。

③在有组抢答情况下，抢答的组必须在 30 s 内完成答题。如 30 s 内还没有答完，则作答题超时处理，音响持续发声，不得分。

④在一个题目回答终了后，或者抢答超时，或者答题超时，主持人都按下复位按钮，抢答器恢复原始状态，为第二轮抢答做好准备。

⑤如果主持人未按下开始按钮即抢答为违例，音响断续发声，周期 1 s，同时数码管显示字母 F。

⑥初始状态及主持人按下复位按钮后数码管显示 0。

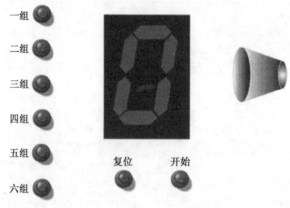

六组抢答器
控制

图 7 - 1 抢答器结构示意图

知识准备

1. 区间复位指令 ZRST

区间复位指令 ZRST(P) 的编号为 FNC40。它是将指定范围内的同类元件成批复位。指令格式如图 7-2 所示,当 X000 由 OFF→ON 时,位元件 M500 ~ M599 成批复位,字元件 C235 ~ C255 也成批复位。

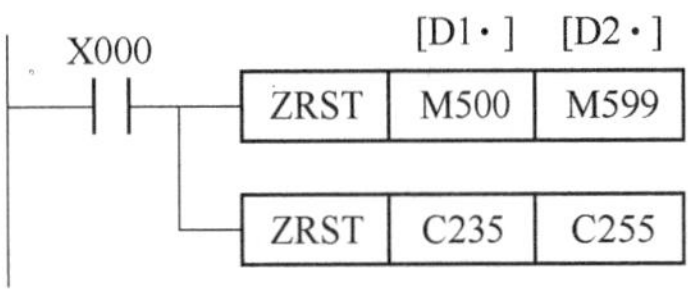

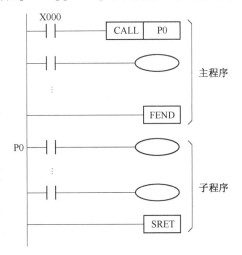

图 7-2　区间复位指令的格式

使用区间复位指令时应注意:

①[D1·]和[D2·]可取 Y、M、S、T、C、D,且应为同类元件,同时[D1·]的元件号应小于[D2·]指定的元件号,若[D1·]的元件号大于[D2·]元件号,则只有[D1·]指定元件被复位。

②ZRST 指令只有 16 位处理,占五个程序步,但[D1·][D2·]可以指定 32 位计数器。

2. 子程序调用与子程序返回指令

子程序调用指令 CALL 的编号为 FNC01。操作数为 P0 ~ P127,此指令占用三个程序步。

子程序返回指令 SRET 的编号为 FNC02。无操作数,占用一个程序步。

如图 7-3 所示,如果 X000 接通,则转到标号 P0 处去执行子程序。当执行 SRET 指令时,返回到调用指令 CALL 的下一步执行。

使用子程序调用与子程序返回指令时应注意:

①转移标号不能重复,也不可与跳转指令的标号重复。

②子程序可以嵌套调用,最多可五级嵌套。

图 7-3　子程序调用与子程序
返回指令的使用

3. 七段码译码指令

七段码译码指令 SEGD 的编号为 FNC73,如图 7-4 所示。将[S·]源操作数的低四位指定的 0 ~ F(十六进制数)的数据译成七段码显示的数据存入目标操作数[D·]中,[D·]的高八位不变。

图 7-4　七段码译码指令的使用

七段显示器的 a ~ g 段分别对应于输出字节的第 0 位至第 6 位。若输出字节的某位为 1 时,其对应的段显示;输出字节的某位为 0 时,其对应的段不亮。字符显示与各段的关系见表 7-1。例如要显示"5"时,a、c、d、f、g 段对应输出字节的相应位为 1,其余为 0。

使用七段码译码指令时应注意:源操作数可取 K、H、KnX、KnY、KnM、KnS、T、C、D、Z;目标操作数可取 KnY、KnM、KnS、T、C、D、Z。

4. 主程序结束指令

主程序结束指令 FEND 的编号为 FNC06,无操作数,占用一个程序步。FEND 表示主程序结束,当执行到 FEND 时,PLC 进行输入/输出处理,监视定时器刷新,完成后返回起始步。

使用 FEND 指令时应注意:

①子程序和中断服务程序应放在 FEND 之后;

表 7－1　七段码译码表

十六进制数	位组合格式	七段组合数字	g	f	e	d	c	b	a	表示的数字
0	0000	0	0	1	1	1	1	1	1	0
1	0001	0	0	0	0	0	1	1	0	1
2	0010	0	1	0	1	1	0	1	1	2
3	0011	0	1	0	0	1	1	1	1	3
4	0100	0	1	1	0	0	1	1	0	4
5	0101	0	1	1	0	1	1	0	1	5
6	0110	0	1	1	1	1	1	0	1	6
7	0111	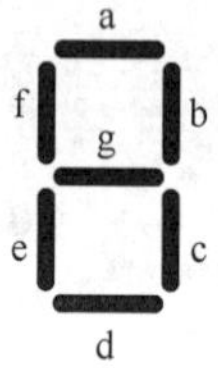 0	0	1	0	0	1	1	1	7
8	1000	0	1	1	1	1	1	1	1	8
9	1001	0	1	1	0	1	1	1	1	9
A	1010	0	1	1	1	0	1	1	1	A
B	1011	0	1	1	1	1	1	0	0	b
C	1100	0	0	1	1	1	0	0	1	C
D	1101	0	1	0	1	1	1	1	0	d
E	1110	0	1	1	1	1	0	0	1	E
F	1111	0	1	1	1	0	0	0	1	F

（七段组合数字列中示意图：上段 a，左上 f，右上 b，中段 g，左下 e，右下 c，下段 d）

②子程序和中断服务程序必须写在 FEND 和 END 之间,否则出错。

任务实现

1. I/O 分配

输入：

X000——开始按钮 SB1　　　　　X001——复位按钮 SB2

X002——一组抢答键 S1　　　　　X003——二组抢答键 S2

X004——三组抢答键 S3　　　　　X005——四组抢答键 S4

X006——五组抢答键 S5　　　　　X007——六组抢答键 S6

输出：

Y000——七段码 a 段　　　　　　Y001——七段码 b 段

Y002——七段码 c 段　　　　　　Y003——七段码 d 段

Y004——七段码 e 段　　　　　　Y005——七段码 f 段

Y006——七段码 g 段　　　　　　Y007——提示音响

2. 绘制六组抢答器控制 PLC 的 I/O 接线图

六组抢答器控制 PLC 的 I/O 接线图如图 7－5 所示。

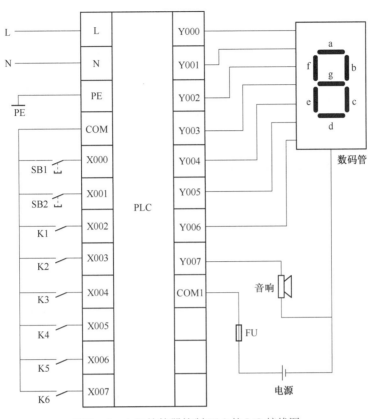

图7-5　六组抢答器控制PLC的I/O接线图

3. 画出六组抢答器控制的PLC梯形图程序

六组抢答器控制的PLC梯形图程序如图7-6、图7-7所示。

4. 程序分析

①步0～步4,按下开始按钮,X000接通,置位M1,复位M0,允许抢答。

②步4～步17,PLC送电初始或抢答结束及违例,数码管归零,M1～M9复位。

③步17～步22,无人抢答时间控制。M1接通后,T0延时,T0延时时间到,如无人抢答,则T0常闭触点断开步22～步72,不能抢答,此题作废,同时T0常开触点启动步101～步110中的提示音响。

④步22～步72,抢答及数码管显示控制。任何组抢答到都将使M2～M7的一个置位,并将相应组号存入数据寄存器D0中。

⑤步72～步79,抢答确认控制。一旦某组抢答得到将置位M8,M8常闭触点断开步22～步72,则其他组不能再抢答,保证抢答的唯一性。同时步93～步101中M8常开触点启动答题时间控制。

⑥步79～步87,违例控制。在主持人未按开始按钮就抢答则违例,置位M9,数码管显示字母F,同时M9常开触点启动步101～步110中的提示音响断续发声。

⑦步87～步93,调用数码管显示子程序。

⑧步93～步101,答题时间控制及正常抢答提示。如30 s未答完题,T1常开触点启动步101～步110中的提示音响表示答题无效。T2常闭触点控制音响只响1 s表示抢答有效。

⑨步110～步111,主程序结束。

⑩步111～步118,数码管显示子程序。

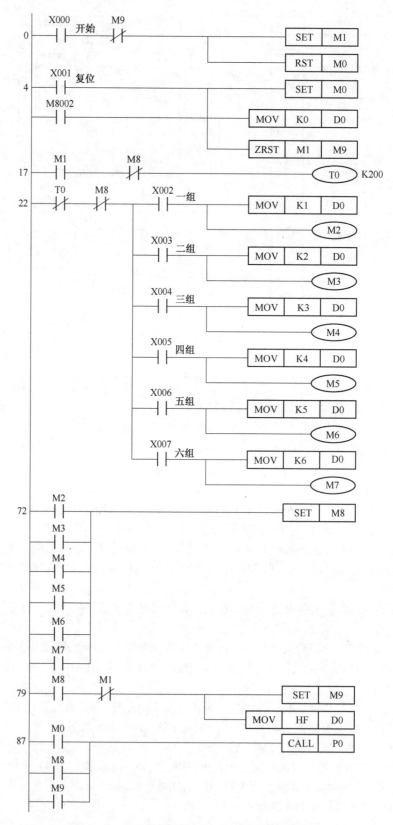

图 7 - 6　六组抢答器控制的 PLC 梯形图程序 1 段

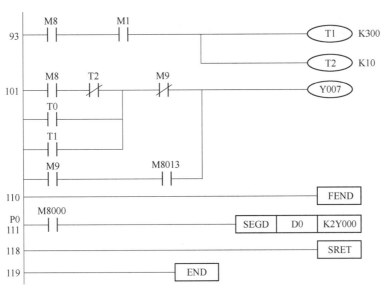

图 7-7 六组抢答器控制的 PLC 梯形图程序 2 段

⑪步 118～步 119，程序结束。

5. 程序调试

▶ 步骤 0：未启动状态，如图 7-8 所示。

图 7-8 步骤 0 状态

▶ 步骤 1：按下启动按钮，允许抢答，如图 7-9 所示。

图 7-9 步骤 1 状态

▶ 步骤 2：20 s 时间到无人抢答，此题作废，音响持续发声，如图 7-10 所示。

图 7 - 10　步骤 2 状态

▶ 步骤 3:如有组抢答,例如二组,数码管显示"2",音响响 1 s,如图 7 - 11 所示。

图 7 - 11　步骤 3 状态

▶ 步骤 4:若 30 s 内答完此题有效,答题超过 30 s,音响持续发声,表示该题作废,如图 7 - 12所示。

图 7 - 12　步骤 4 状态

▶ 步骤 5:若主持人未按开始键就抢答,则违例,数码管显示字母 F,音响断续发声,如图 7 - 13 所示。

图 7 - 13　步骤 5 状态

▶ 步骤6:按下复位按钮,恢复为步骤0状态,开始新一轮抢答,如图7-8所示。

任务二　呼叫送料小车控制

📖 任务描述

某车间有六个工作台,一个为装料台,小车从装料台往五个工作台送料。除装料台只有一个到位开关外,每个工作台设有一个到位开关和一个呼叫按钮,如图7-14所示。具体控制要求如下:

①初次使用或工作中停止任意工作台位置,按下停止(装料)按钮,小车能自动到装料台装料。小车在装料台装料时,各工作台不能呼叫小车。

②按下启动按钮后各工作台才可以呼叫小车。按下呼叫按钮,送料小车应能准确停留在五个工作台中任意一个到位开关的位置上。

③小车运行时呼叫无效。

④小车在运行中如有异常,按下停止按钮可以使小车停止,再次按下启动按钮,小车将按原方向运行直到呼叫位置。

⑤用七段 LED 数码管显示小车行走位置。

用 PLC 功能指令实现此设计。

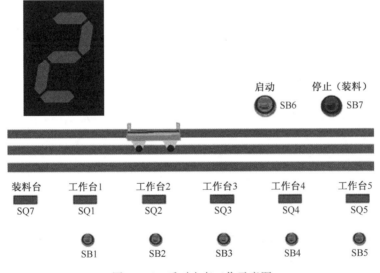

图 7-14　呼叫小车工作示意图

⏳ 知识准备

1. 触点比较指令

LD、AND、OR 触点比较指令编号为 FNC220~FNC246,对数据内容进行 BIN 比较,对应其结果执行后段的运算。

1)LD 触点比较指令

LD 触点比较指令形式与功能如表7-2所示。

呼叫送料小车控制

表7-2   LD 触点比较指令形式与功能

功能号	16 位指令	32 位指令	导通条件	非导通条件
224	LD =	LD(D) =	S1 = S2	S1 ≠ S2
225	LD >	LD(D) >	S1 > S2	S1 ≤ S2
226	LD <	LD(D) <	S1 < S2	S1 ≥ S2
228	LD < >	LD(D) < >	S1 ≠ S2	S1 = S2
229	LD ≤	LD(D) ≤	S1 ≤ S2	S1 > S2
230	LD ≥	LD(D) ≥	S1 ≥ S2	S1 < S2

如图 7-15 所示,当计数器 C0 的当前值等于 200 时,Y010 得电。当寄存器 D0 内的数据大于 200,并且 X001 接通的情况下,置位 Y011。

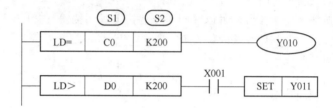

图 7-15   LD 触点比较指令编程举例

2)AND 触点比较指令

AND 触点比较指令形式与功能如表 7-3 所示。

表7-3   AND 触点比较指令形式与功能

功能号	16 位指令	32 位指令	导通条件	非导通条件
232	AND =	AND(D) =	S1 = S2	S1 ≠ S2
233	AND >	AND(D) >	S1 > S2	S1 ≤ S2
234	AND <	AND(D) <	S1 < S2	S1 ≥ S2
236	AND < >	AND(D) < >	S1 ≠ S2	S1 = S2
237	AND ≤	AND(D) ≤	S1 ≤ S2	S1 > S2
238	AND ≥	AND(D) ≥	S1 ≥ S2	S1 < S2

如图 7-16 所示,当 X000 接通,且计数器 C10 的当前值为 200 时,Y010 得电。当 X000 接通,并且 D10 内的数据和 D0 内的数据不等时,置位 Y011。

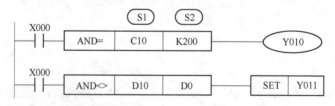

图 7-16   AND 触点比较指令编程举例

3)OR 触点比较指令

OR 触点比较指令形式与功能如表 7-4 所示。

表 7-4　OR 触点比较指令形式与功能

功能号	16 位指令	32 位指令	导通条件	非导通条件
240	OR =	OR(D) =	S1 = S2	S1 ≠ S2
241	OR >	OR(D) >	S1 > S2	S1 ≤ S2
242	OR <	OR(D) <	S1 < S2	S1 ≥ S2
244	OR < >	OR(D) < >	S1 ≠ S2	S1 = S2
245	OR ≤	OR(D) ≤	S1 ≤ S2	S1 > S2
246	OR ≥	OR(D) ≥	S1 ≥ S2	S1 < S2

如图 7-17 所示,当 X000 接通,或者计数器 C0 的当前值等于 100 时,Y000 得电。

注意:

①当源数据的最高位(16 位指令:b15,32 位指令:b31)为 1 时,将该数据作为负数进行比较。

②32 位计数器(C200 ~ C234)的比较,必须以 32 位指令来进行。若指定 16 位指令时,会导致程序出错或运算错误。

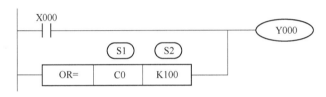

图 7-17　OR 触点比较指令编程举例

2. 比较指令 CMP

(D)CMP(P)指令的编号为 FNC10,是将源操作数[S1·]和源操作数[S2·]的数据进行比较,比较结果用目标元件[D·]的状态来表示。如图 7-18 所示,当 X001 为接通时,把 C20 的当前值与常数 100 进行比较,比较的结果送入 M0 ~ M2 中;X001 为 OFF 时不执行,M0 ~ M2 的状态也保持不变。

3. 译码和编码指令

1)译码指令 DECO

DECO(P)指令的编号为 FNC41。如图 7-19 所示,n=3 则表示[S·]源操作数为 3 位,即 X000、X001、X002。其状态为二进制数,当值为 011 时相当于十进制 3,则由目标操作数 M7 ~ M0 组成的 8 位二进制数的第三位 M3 被置 1,其余各位为 0。如果为 000,则 M0 被置 1。用译码指令可通过[D·]中的数值来控制元件的 ON/OFF。

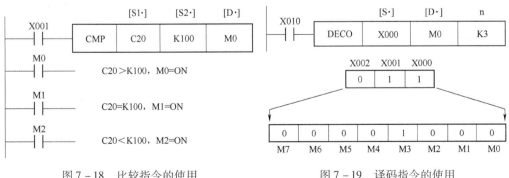

图 7-18　比较指令的使用　　　　　图 7-19　译码指令的使用

使用译码指令时应注意：

①位源操作数可取 X、T、M 和 S，位目标操作数可取 Y、M 和 S；字源操作数可取 K、H、T、C、D、V 和 Z，字目标操作数可取 T、C 和 D。

②若[D·]指定的目标元件是字元件 T、C、D，则 n≤4；若是位元件 Y、M、S，则 n = 1 ~ 8。译码指令为 16 位指令，占七个程序步。

2）编码指令 ENCO

ENCO(P)指令的编号为 FNC42，如图 7 - 20 所示，当 X001 有效时，执行编码指令，将[S·]中最高位的 1(M3)所在位数(4)放入目标元件 D10 中，即把 011 放入 D10 的低三位。

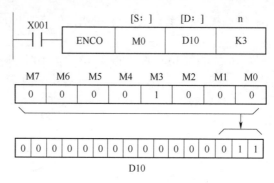

图 7 - 20　编码指令的使用

使用编码指令时应注意：

①源操作数是字元件时，可以是 T、C、D、V 和 Z；源操作数是位元件，可以是 X、Y、M 和 S。目标元件可取 T、C、D、V 和 Z。编码指令为 16 位指令，占七个程序步。

②操作数为字元件时应使用 n≤4，为位元件时则 n = 1 ~ 8，n = 0 时不进行处理。

③若指定源操作数中有多个 1，则只有最高位的 1 有效。

任务实现

1. I/O 分配

输入：

X001——1 号工作台呼叫按钮 SB1　　　X011——1 号工作台小车到位行程开关 SQ1

X002——2 号工作台呼叫按钮 SB2　　　X012——2 号工作台小车到位行程开关 SQ2

X003——3 号工作台呼叫按钮 SB3　　　X013——3 号工作台小车到位行程开关 SQ3

X004——4 号工作台呼叫按钮 SB4　　　X014——4 号工作台小车到位行程开关 SQ4

X005——5 号工作台呼叫按钮 SB5　　　X015——5 号工作台小车到位行程开关 SQ5

X020——启动按钮 SB6　　　　　　　　X021——停止（装料）按钮 SB7

X022——装料台小车到位行程开关 SQ7

输出：

Y010——七段码 a 段　　　　　　　　　Y000——右行控制接触器 KM1

Y011——七段码 b 段　　　　　　　　　Y001——左行控制接触器 KM2

Y012——七段码 c 段　　　　　　　　　Y004——右行指示灯 L1

Y013——七段码 d 段　　　　　　　　　Y005——左行指示灯 L2

Y014——七段码 e 段

Y015——七段码 f 段

Y016——七段码 g 段

2. 绘制呼叫送料小车控制 PLC 的 I/O 接线图

呼叫送料小车控制 PLC 的 I/O 接线图如图 7-21 所示。

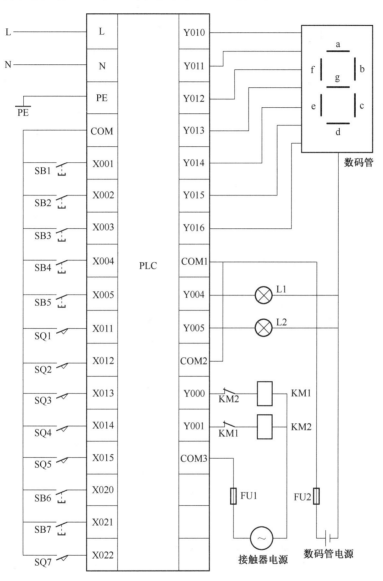

图 7-21 呼叫送料小车控制 PLC 的 I/O 接线图

3. 呼叫送料小车控制 PLC 程序设计

呼叫送料小车控制 PLC 程序如图 7-22 所示。

4. 程序分析

①步 0 ~ 步 3,按下启动按钮 SB6,X020 接通,置位 M0,复位 M1,系统启动,运行呼叫小车。在小车运行中途停止后,再次按下启动按钮,小车按原方向运行到呼叫位置。

②步 3 ~ 步 6,在初始状态或工作台位置,按下停止(装料)按钮 SB7,置位 M1,复位 M0,小车到装料台装料。在小车运行期间,按下停止按钮,小车停止。

③步 6 ~ 步 13,在系统启动后,M0 接通,任何工作台呼叫,亦即按下 X001 ~ X005 的呼叫

按钮,都将使 K2X000 的数据大于 0,使 M2 置位。

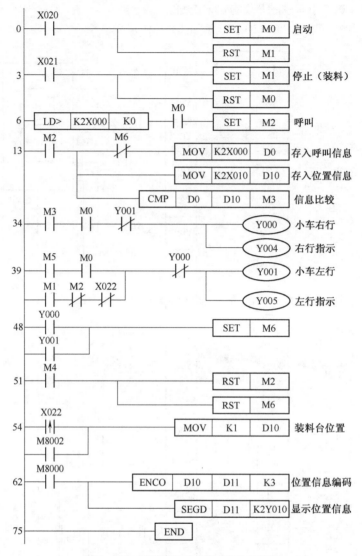

图 7-22　呼叫送料小车控制 PLC 程序

④步 13～步 34,M2 常开触点接通,将呼叫位置信息传送至 D0,将小车位置信息传送至 D10,然后将 D0 和 D10 的数据进行比较,比较的结果 M3、M4、M5 用于小车运行控制。

⑤步 34～步 39,比较指令中的 D0 数据大于 D10 时,M3 接通,小车右行。

⑥步 39～步 48,比较指令中的 D0 数据小于 D10 时,M5 接通,小车左行。在初始状态或工作台位置,按下停止(装料)按钮 SB7,M1 接通,小车左行,碰到送料台小车到位行程开关 SQ7,X022 断开,小车停止,在装料台装料。

⑦步 48～步 51,无论小车左行还是右行,即小车运行期间,都将置位 M6,M6 常闭触点断开步 13～步 34 中的呼叫数据传送,亦即小车运行期间不能呼叫。M6 常闭触点同样断开步 39～步 48 中的装料控制,确保小车运行期间因某种原因停止时再次按下启动按钮能按原方向运行。

⑧步 51～步 54,小车到达呼叫位置后 D0 和 D10 内的数据相等,M4 接通,复位 M2 和 M6,等待小车下次呼叫或装料。

⑨步 54～步 62,初始状态或装料台位置,使数码管显示 0。

⑩步 62 ~ 步 75,对小车位置信息进行编码及显示。

5. 程序调试

▶ **步骤 0**:未启动状态,如图 7 - 23 所示。(开关状态上开下闭,以下同)

图 7 - 23　步骤 0 状态

▶ **步骤 1**:初始状态,或工作中小车无料,且小车停在工作台位置,按下停止(装料)按钮 SB7,Y001 得电,小车左行到工作台装料,如图 7 - 24 所示。

图 7 - 24　步骤 1 状态

▶ **步骤 2**:左行碰到送料台小车到位行程开关 SQ7,X022 断开,小车停止,可以装料了。装料期间不能呼叫小车,如图 7 - 25 所示。

图 7 - 25　步骤 2 状态

▶ 步骤3：装料结束，按下启动按钮 SB6，系统允许呼叫，如图 7 - 26 所示。

图 7 - 26　步骤 3 状态

▶ 步骤4：假如 4 号工作台有呼叫，按下 SB4，X004 接通，小车右行。离开装料台，断开装料台开关，如图 7 - 27 所示。

图 7 - 27　步骤 4 状态

▶ 步骤5：小车运行到 4 号工作台碰到 SQ4，X014 断开，小车停止，如图 7 - 28 所示。

图 7 - 28　步骤 5 状态

▶ 步骤6：假如 2 号工作台有呼叫，按下 SB2，X002 接通，小车左行。离开 4 号工作台，断开 4 号工作台开关，如图 7 - 29 所示。

图 7 – 29 步骤 6 状态

▶ 步骤 7：小车运行到 2 号工作台碰到 SQ2，X012 断开，小车停止，如图 7 – 30 所示。

图 7 – 30 步骤 7 状态

其他工作台呼叫与此相同。

▶ 步骤 8：假如 5 号工作台有呼叫，按下 SB5，X005 接通，小车右行。离开 2 号工作台，断开 2 号工作台开关，如图 7 – 31 所示。

图 7 – 31 步骤 8 状态

▶ 步骤 9：假如因某种原因小车不得已停车，如小车运行道路上有杂物，按下停止（装料）按钮 SB7，小车立刻停车，如图 7 – 32 所示。

图 7 - 32　步骤 9 状态

⊙ **步骤** 10：清理完障碍物，再次按下启动按钮，小车继续按原方向运行，如图 7 - 33 所示。

图 7 - 33　步骤 10 状态

⊙ **步骤** 11：小车运行到 5 号工作台碰到 SQ5，X015 断开，小车停止，如图 7 - 34 所示。

注意：碰到 SQ3、SQ4 小车不会停止。

图 7 - 34　步骤 11 状态

任务三　停车场车位控制

任务描述

随着城市的汽车数量剧增,从而引发了停车管理问题。现在大多数停车场的车位管理已实现智能化管理。本任务利用 PLC 的功能指令实现对停车场车位管理的控制。图 7 - 35 所示为停车场车位控制示意图。

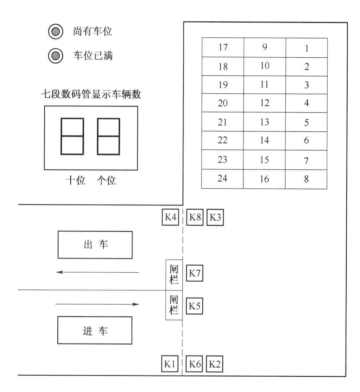

图 7 - 35　停车场车位控制示意图

功能要求如下:

①假设该停车场共有 24 个车位。

②在入口两侧装设传感器,用来检测进车及车辆进入的数目。

③在出口两侧装设传感器,用来检测出车及车辆出去的数目。

④尚有车位时,入口闸栏才可以将门开启,让车辆进入停放,并有指示灯指示尚有车位。

⑤车位已满时,则有一指示灯显示车位已满,且入口闸栏不能开启让车辆进入。

⑥可从七段数码管上显示目前停车场共有几辆车。

其中 K1 ~ K8 传感器作用如下:

K1:进车请求传感器;

K2:进车完成确认传感器;

K3:出车请求传感器;

K4:出车完成确认传感器;

K5：进车闸栏开门到位传感器；

K6：进车闸栏关门到位传感器；

K7：出车闸栏开门到位传感器；

K8：出车闸栏关门到位传感器。

知识准备

停车场车位
控制

1. 主控及主控复位指令 MC、MCR

主控指令（MC）用于公共串联触点的连接。主控复位指令（MCR）用于公共串联触点的清除。

主控指令后，母线移到主控触点后，MCR 为将其返回原母线的指令。通过更改软元件地址号 Y、M，可多次使用主控指令，但不同的主控指令不能使用同一软件号，否则就双线圈输出。MC、MCR 指令的应用如图 7 - 36 所示，当 X000 未接通时，不执行从 MC 到 MCR 的指令；当输入 X000 接通时，直接执行从 MC 到 MCR 的指令。输入 X000 为断开时，能保持当前状态是积算定时器、计数器、用置位/复位指令驱动的软元件。变为 OFF 的是非积算定时器、用 OUT 指令驱动的软元件。

在没有嵌套结构时，通用 N0 编程。N0 的使用次数没有限制。有嵌套结构时，嵌套级 N 的地址号增大，即 N0→N1→N2→N3→N4→N5…N7。在将指令返回时，采用 MCR 指令，则从大的嵌套级开始消除，如图 7 - 37 所示。

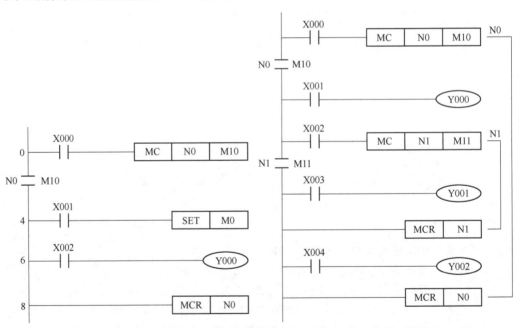

图 7 - 36　MC、MCR 指令的应用　　　　图 7 - 37　主控 MC、MCR 指令的嵌套应用

2. 加 1 指令、减 1 指令

1）指令格式

指令编号及助记符：加 1 指令 FNC24　INC ［ D · ］

减 1 指令 FNC25　DEC ［ D · ］

其中：［ D · ］是要加 1（或要减 1）的目标软组件。

目标操作数的软组件为 KnY、KnM、KnS、T、C、D、V 和 Z。

2）指令用法

INC 指令的功能是将指定的目标软组件的内容增加 1,DEC 指令的功能是将指定的目标软组件的内容减 1。指令说明如图 7 - 38 所示。

图 7 - 38 INC 和 DEC 指令说明

16 位运算时,如果 + 32 767 加 1 变成 - 32 768,标志位不置位;32 位运算时,如果 + 2 147 483 647 加 1 变成 - 2 147 483 648,标志位不置位。

在连续执行指令中,每个扫描周期都将执行运算,必须加以注意。所以一般采用输入信号的上升沿触发运算一次。

16 位运算时,如果 - 32 768 再减 1,值变为 + 32 767,标志位不置位;32 位运算时,如果 - 2 147 483 648 再减 1,值变为 + 2 147 483 647,标志位不置位。

3. BCD 码变换指令

1）指令格式

指令编号及助记符:BCD 码变换指令编号为 FNC18,助记符为 BCD[S ·][D·]。其中:[S·]为被转换的软组件;[D·]为目标软组件。

源操作数可取 KnX、KnY、KnM、KnS、T、C、D、V 和 Z;目标操作数可取 KnY、KnM、KnS、T、C、D、V 和 Z。

2）指令用法

BCD 码变换指令是将源操作数中的二进制数转换成 BCD 码并传送到目标操作数中去。指令应用示例如图 7 - 39 所示。BCD 码变换指令将 PLC 内的二进制数变换成 BCD 码后,再译成七段码,就能输出驱动 LED 显示器。

图 7 - 39 BCD 指令应用示例

任务实现

1. I/O 分配

输入:

X000——系统启动 SB1   X001——系统解除 SB2

X002——进车请求传感器 K1   X003——进车完成确认传感器 K2

X004——出车请求传感器 K3   X005——出车完成确认传感器 K4

X006——进车闸栏开门到位传感器 K5   X007——进车闸栏关门到位传感器 K6

X010——出车闸栏开门到位传感器 K7   X011——出车闸栏关门到位传感器 K8

输出:

Y000——七段码 a 段   Y020——进车闸栏开门控制 KM1

Y001——七段码 b 段　　　　　Y021——进车闸栏关门控制 KM2

Y002——七段码 c 段　　　　　Y022——出车闸栏开门控制 KM3

Y003——七段码 d 段　　　　　Y023——出车闸栏关门控制 KM4

Y004——七段码 e 段　　　　　Y024——尚有车位指示灯 L1

Y005——七段码 f 段　　　　　Y025——车位已满指示灯 L2

Y006——七段码 g 段　　　　　Y010——数码管十位选择

Y014——数码管个位选择。

2. 绘制停车场车位控制 PLC 的 I/O 接线图

停车场车位控制 PLC 的 I/O 接线图如图 7-40 所示。

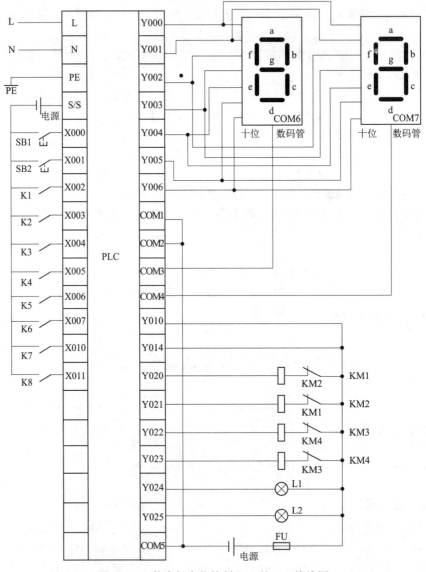

图 7-40　停车场车位控制 PLC 的 I/O 接线图

3. 停车场车位控制 PLC 程序

停车场车位控制 PLC 程序如图 7-41、图 7-42 所示。

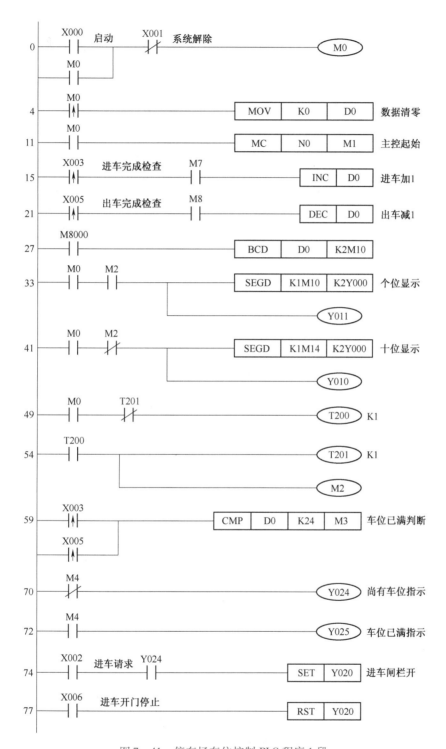

图 7-41 停车场车位控制 PLC 程序 1 段

4. 程序分析

①步 0 ~ 步 4,按下 SB1,X000 接通,M0 得电并自锁,系统启动。按下 SB2,X001 常闭触点断开,M0 失电,系统停止工作。

②步 4 ~ 步 11,车位显示数据清零。

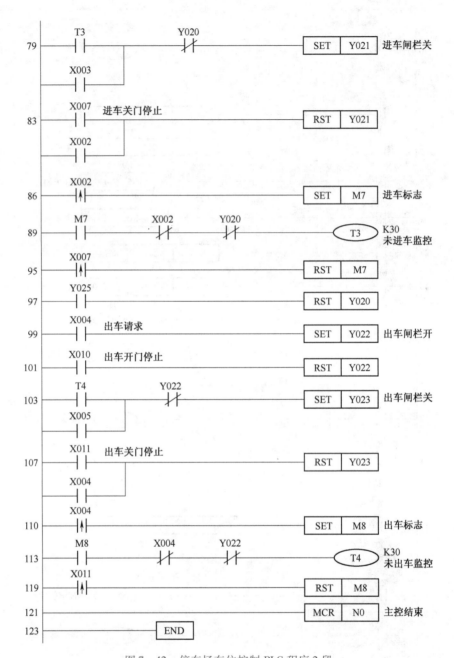

图 7-42　停车场车位控制 PLC 程序 2 段

③步 11～步 15，主控开始。

④步 15～步 21，有进车请求，M7 接通。进车完成，X003 接通，车位数据寄存器加 1。

⑤步 21～步 27，有出车请求，M8 接通。出车完成，X005 接通，车位数据寄存器减 1。

⑥步 27～步 33，将二进制数据转换为十进制数据。

⑦步 33～步 41，显示车位的个位数。

⑧步 41～步 49，显示车位的十位数。

⑨步 49～步 54～步 59，用于车位数据显示的振荡器，M2 按 0.02 s 的周期通断输出，T201 控制接通 0.01 s，T200 控制断开 0.01 s。如果 PLC 是继电器输出，可适当降低频率，否则容易损坏输出继电器。

⑩步 59 ~ 步 70,用比较指令 CMP 监控车位是否已满,当达到 24 辆已满时,M4 接通。

⑪步 70 ~ 步 72,车位已满时,M4 常闭触点断开,Y024 失电,"尚有车位指示"灯灭。

⑫步 72 ~ 步 74,车位已满时,M4 常开触点闭合,Y025 得电,"车位已满指示"灯亮。

⑬步 74 ~ 步 77,车位未满,Y024 接通,有进车请求,X002 接通时,置位 Y020,进车闸栏打开,可以进车。

⑭步 77 ~ 步 79,进车开门到位,X006 接通,复位 Y020,停止开门。

⑮步 79 ~ 步 83,进车完成,X003 接通,或者进车请求取消,且进车监控时间到,T3 常开触点闭合,都置位 Y021,进车闸栏关门。

⑯步 83 ~ 步 86,进车关门到位,X007 接通,或者有进车请求,X002 接通,复位 Y021,停止关门。

⑰步 86 ~ 步 89,置位进车请求标志 M7。

⑱步 89 ~ 步 95,M7 接通,进车请求撤销,X002 常闭触点接通,进车开门完成,未进车监控时间 T3 得电延时工作。

⑲步 95 ~ 步 97,进车关门完成,X007 接通,复位 M7,断开未进车监控延时。

⑳步 97 ~ 步 99,车位已满,Y025 得电,Y025 常开触点始终复位 Y020,即使有进车请求也不能打开进车闸栏,不能再进车。

㉑步 99 ~ 步 101,有出车请求,X004 接通时,置位 Y022,出车闸栏打开,可以出车。

㉒步 101 ~ 步 103,出车开门到位,X010 接通,复位 Y022,停止开门。

㉓步 103 ~ 步 107,出车完成,X005 接通,或者出车请求取消,且出车监控时间到,T4 常开触点闭合,都置位 Y023,出车闸栏关门。

㉔步 107 ~ 步 110,出车关门到位,X011 接通,或者有出车请求,X004 接通,复位 Y023,停止关门。

㉕步 110 ~ 步 113,置位出车请求标志 M8。

㉖步 113 ~ 步 119,M8 接通,出车请求撤销,X004 常闭触点接通,出车开门完成,未出车监控时间 T4 得电延时工作。

㉗步 119 ~ 步 121,出车关门完成,X011 接通,复位 M8,断开未出车监控延时。

㉘步 121 ~ 步 123,主控结束。

5. 程序调试

▶ 步骤 0:未启动状态,如图 7-43 所示。(开关状态:向上闭合,向下断开,以下同)

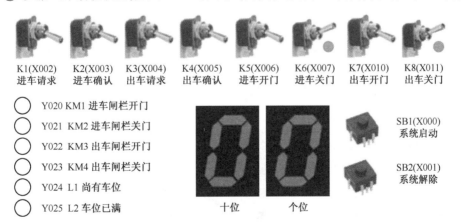

| K1(X002) | K2(X003) | K3(X004) | K4(X005) | K5(X006) | K6(X007) | K7(X010) | K8(X011) |
| 进车请求 | 进车确认 | 出车请求 | 出车确认 | 进车开门 | 进车关门 | 出车开门 | 出车关门 |

○ Y020 KM1 进车闸栏开门
○ Y021 KM2 进车闸栏关门
○ Y022 KM3 出车闸栏开门
○ Y023 KM4 出车闸栏关门
○ Y024 L1 尚有车位
○ Y025 L2 车位已满

SB1(X000) 系统启动

SB2(X001) 系统解除

十位　　个位

图 7-43　步骤 0 状态

▶ 步骤 1:按下启动按钮 SB1,X001 接通,系统启动,Y024 得电,"尚有车位"指示灯亮,如图 7 - 44 所示。

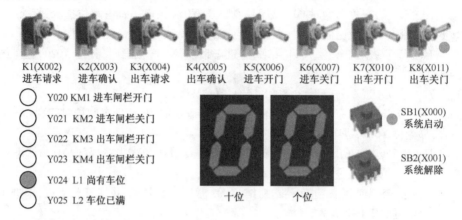

图 7 - 44　步骤 1 状态

(▶) 步骤 2：有车要进入，X002 接通，Y020 得电，进车闸栏开门。进车闸栏门开启后，K6 断开，X007 断开，如图 7 - 45 所示。

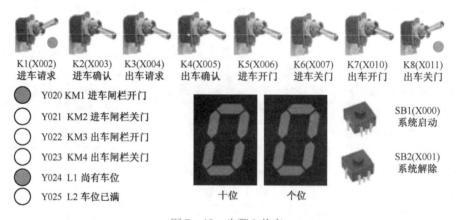

图 7 - 45　步骤 2 状态

(▶) 步骤 3：进车开门到位，K5 闭合，X006 接通，Y020 失电，停止开门，可以进车，如图 7 - 46 所示。

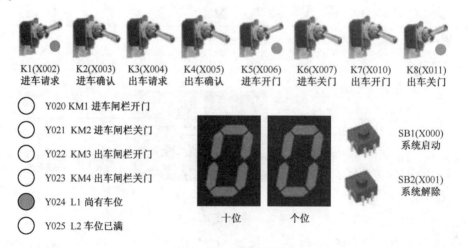

图 7 - 46　步骤 3 状态

◉ 步骤4:进车后,进车请求 K1 断开,X002 断开,如图 7-47 所示。

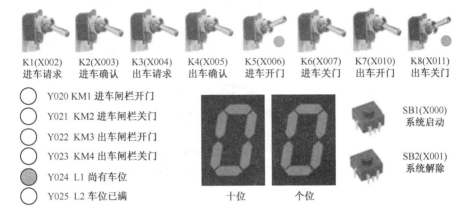

图 7-47 步骤4状态

◉ 步骤5:进车完成,K2 闭合,X003 接通,Y021 得电,启动进车闸栏关门,数码管显示 01。关门启动后,进车开门到位开关 K5 断开,X006 断开,如图 7-48 所示。

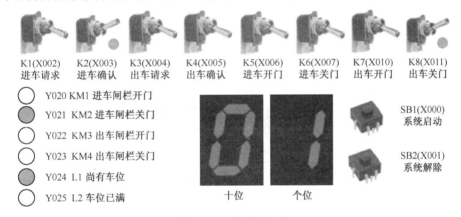

图 7-48 步骤5状态

◉ 步骤6:进车后,进车确认开关 K2 断开,X003 断开。关门到位,K6 闭合,X007 接通,Y021 失电,停止关门,如图 7-49 所示。

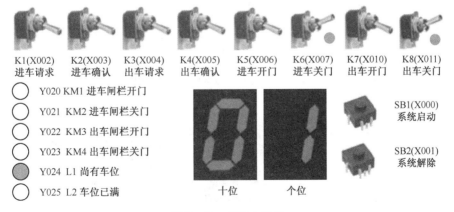

图 7-49 步骤6状态

◉ 步骤7:再进车,以有车车位显示增加,如图 7-50 所示。

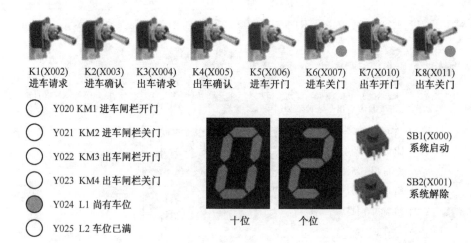

图 7-50　步骤 7 状态

▶步骤 8：按设置，停车场最多停车 24 辆，达到 24 辆时，数码管显示"24"，Y025 得电，"车位已满"指示灯 L2 亮。同时，Y020 被复位，不能再进车，如图 7-51 所示。

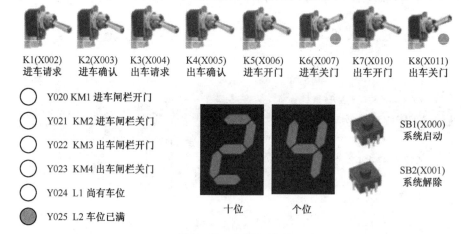

图 7-51　步骤 8 状态

▶步骤 9：有出车请求，K3 闭合，X004 接通，Y022 得电，出车闸栏开门。出车闸栏门开启后，K8 断开，X011 断开，如图 7-52 所示。

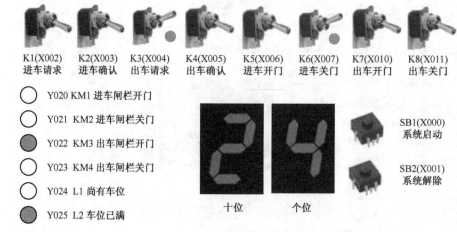

图 7-52　步骤 9 状态

▶ 步骤10：出车开门到位，K7 闭合，X010 接通，Y022 失电，停止开门，可以出车，如图 7 – 53 所示。

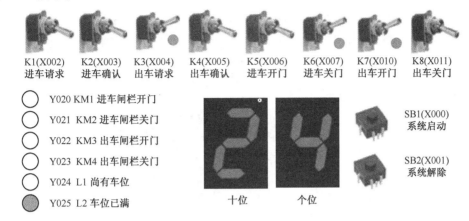

图 7 – 53　步骤 10 状态

▶ 步骤11：出车后，出车请求 K1 断开，X004 断开，如图 7 – 54 所示。

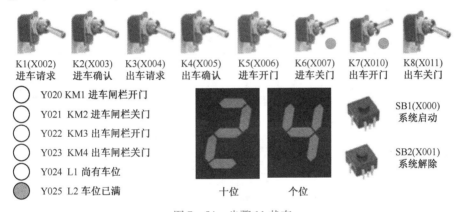

图 7 – 54　步骤 11 状态

▶ 步骤12：出车完成，K4 闭合，X005 接通，Y023 得电，出车闸栏关门，数码管显示"23"。Y025 失电，"车位已满"指示灯 L2 灭。Y024 得电，"尚有车位"指示灯 L1 亮。关门启动后，K7 断开，X010 断开，如图 7 – 55 所示。

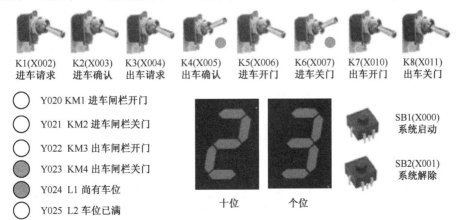

图 7 – 55　步骤 12 状态

▶ 步骤 13：出车后，出车确认 K4 断开，X005 断开。关门到位，K8 闭合，X011 接通，Y023 失电，停止关门，如图 7 - 56 所示。

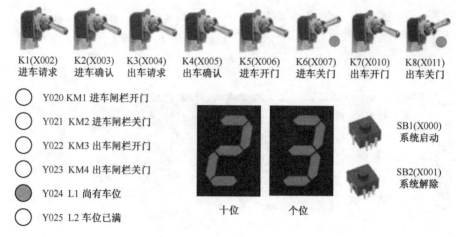

图 7 - 56　步骤 13 状态

▶ 步骤 14：再出车，以有车车位显示减少，如图 7 - 57 所示。

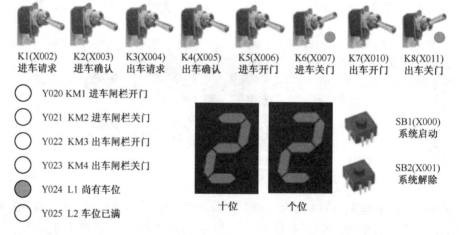

图 7 - 57　步骤 14 状态

▶ 步骤 15：有车要进入，X002 接通，Y020 得电，进车闸栏开门。如果车退回，未进车，门全开后 30 s，Y021 得电，自动关门，数码管不加 1。未出车控制原理与之相同。

注意：合上进车请求开关 K1，X002 接通，连续通断进车确认开关 K3（X003），数码管显示数可快速增大。合上出车请求开关 K3，X004 接通，连续通断出车确认开关 K4（X005），数码管显示数可快速减小，可提高调试速度。

习　题　七

简答题

（1）一个展厅中只能容纳 20 人，超过 20 人报警器就报警，展厅进出口分开，进出口各装设一传感器监视人的进出。试完成此 PLC 报警程序设计。[提示：可用加 1（INC）、减 1（DEC）、触点比较（LD）指令完成此程序设计。]

（2）用功能指令设计一个数码管循环点亮的控制系统，其控制要求如下：

①手动时，每按一次按钮，数码管显示数值加 1，由 0~9 依次点亮，并实现循环。

②自动时，每隔 1 s 数码管显示数值加 1，由 0~9 依次点亮，并实现循环。

（3）三台电动机相隔 3 s 启动，各运行 30 s 停止，循环往复。试使用 MOV 和 CMP 比较指令编程实现这一控制。

（4）某密码锁有 8 个输入按钮 SB0~SB7，分别接输入点 X000~X007。设计要求：每次同时按下 2 个按钮，共按 3 次，如与设定值都相同，则 3 s 后开锁，10 s 后重新关锁。如果连按 10 次未开锁，密码锁自动锁死，只能用钥匙机械复位。

附录

附录 A   PLC 简易程序调试板结构示意图

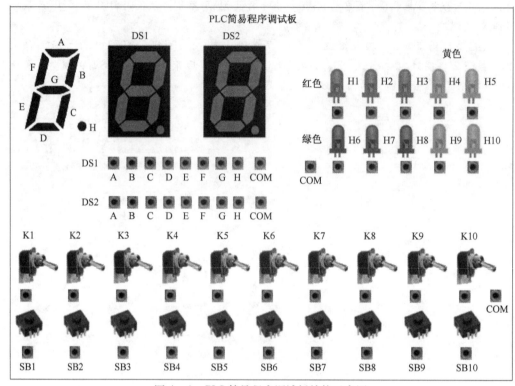

图 A-1   PLC 简易程序调试板结构示意图

附录 B   PLC 简易程序调试板原理图

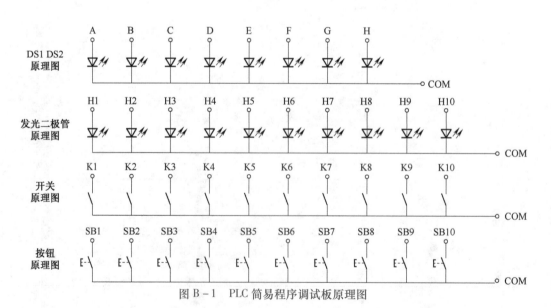

图 B-1   PLC 简易程序调试板原理图

参 考 文 献

[1] 张永平. 现代电气控制与 PLC 应用项目教程[M]. 北京:北京理工大学出版社,2014.

[2] 胡汉文,丁如春. 电气控制与 PLC 应用[M]. 北京:人民邮电出版社,2009.

[3] 王进满. 机电产品电气控制[M]. 杭州:浙江大学出版社,2012.

[4] 郭利霞. 可编程控制器应用技术[M]. 北京:北京理工大学出版社,2009.

[5] 史宜巧,田敏. PLC 控制系统设计与运行维护[M]. 北京:机械工业出版社,2010.

[6] 郁汉琪. 机床电气控制技术[M]. 北京:高等教育出版社,2010.

[7] 麦崇裔. 电气控制技术与技能训练[M]. 北京:机械工业出版社,2010.

[8] 罗文,周欢喜,易江义. 电器控制与 PLC 技术[M]. 西安:西安电子科技大学出版社,2008.